「sakura.io」ではじめる IoT電子工作

Color Index

■「Arduino」で「sakura.io」を使ってみる（第3章）

　この章では、「Arduino」に「押しボタン・スイッチ」を付け、「押しボタン・スイッチ」の「オン/オフ」の状態を「コントロールパネル」で見ることができるプログラム（「Arduino」スケッチ）を作っていきます。

「Arduino UNO R3」に「モジュール」をハメた「シールド for Arduino」を載せる。
そして「ブレッドボード」で「押しボタン・スイッチ」を使った回路を作り、配線する

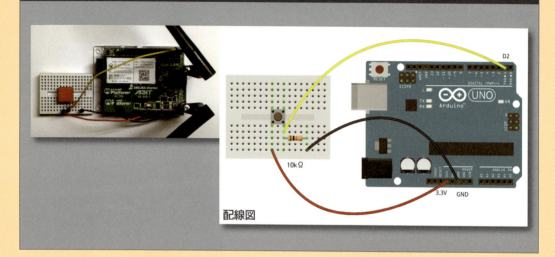

■「Arduino」と「センサ」をつなぐ（第4章）

　この章では、「センサ」をつないで、そのセンサの状態を「sakura.io」で送信してみます。

「ADT7410モジュール」は、「GND」「SDA」「SCL」「VCC」の4本の配線があるので、これらと「Arduino」とを接続

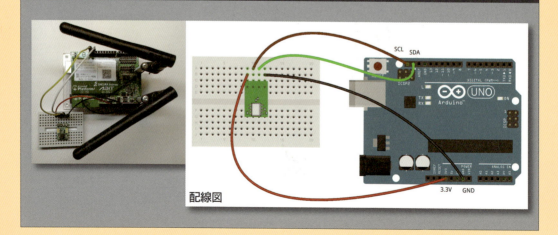

Color index

■ インターネットから「Arduino」を操作する（第5章）

　この章では、「Arduino」に「フルカラーLED」を取り付け、インターネットから操作すると、LEDの色が変わるという電子工作を作ります。

「フルカラーLED」と「Arduino」とを接続したところ

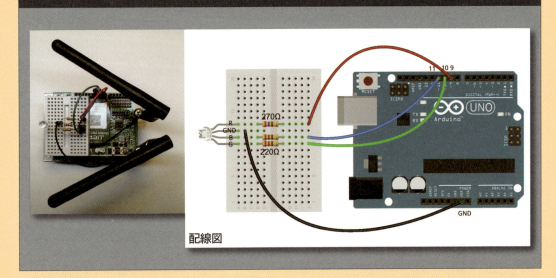

配線図

■ 「Raspberry Pi」で「sakura.io」を使ってみる（第6章）

　この章では、「Raspberry Pi」を使う手始めに、「Arduino」で行なったのと同じことを、「Raspberry Pi」でも試してみます。

「Raspberry Pi」に「モジュール」をハメた「HAT for Raspberry Pi」を載せる。そして「ブレッドボード」で作った回路を配線する

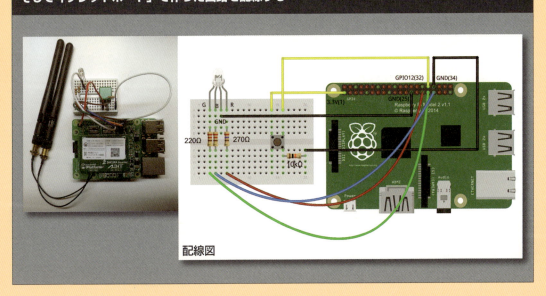

配線図

Color Index

■「BLEセンサ」で「温度」「湿度」「気圧」のデータを送る（第7章）

　この章では、市販の「BLEセンサ」を使って「温度」や「湿度」「気圧」などを取得し、そのデータを「sakura.io」に送信するプログラムを作ります。

「SensorTag」(CC2650) 外形　　　　「SensorTag」(CC2650) カバーを取ったところ

■「sakura.io」から送信されたデータを処理する（第8章）

　この章では、「送信」された「データ」を「処理」する方法を考えます。

「モジュール」から取得した温度データを表示

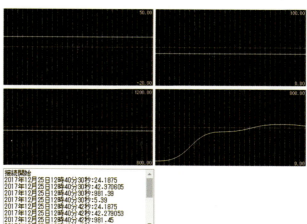

はじめに

「Arduino」や「Raspberry Pi」などの手軽に使えるマイコンの登場、そして、つなぐだけで動く「センサ」や「アクチュエータ」（モータなどの稼働部品）の登場によって、ハードに詳しくない人でも、簡単に電子工作ができる時代がきました。

*

電子工作で作るモノによっては、インターネットから使えるようにすると、さらに便利になるものがたくさんあります。たとえば、各種センサを使った電子工作は、その典型です。

「温度センサ」を使って、定期的に温度をインターネットに送信すれば、不在中に温度が上がりすぎていないか分かるので、ペットを飼っている人にとって役立つはずです。

また、「ドア・センサ」を使えば、誰かが侵入したり移動したりしたことも分かります。

ほかにも、「赤外線リモコン」をインターネットからコントロールできるようにして家電を操作するなど、さまざまな活用法が考えられます。

*

電子工作として作ったモノをインターネットに接続するのは、これまではとても難しいことでした。なぜなら、「回線」の問題があるからです。

この問題を解決するのが、「さくらインターネット」が提供する「sakura.io」です。

「sakura.io」は、LTE回線で通信できる基板モジュールを提供するサービスで、「Arduino」や「Raspberry Pi」などに直結して通信できます。

LTE回線ですから、ケータイの電波の届くところなら、どこでも使え、移動性にも優れ、まさに、「IoT」（Internet Of Things）を実現できます。

従来も、こうした通信機能をもつモジュールはあるにはあったのですが、法人をターゲットにしたものでした。

しかし「sakura.io」は費用が安く、1枚から個人で購入できるため、趣味で使う場合でも活用できます。

*

本書は、この「sakura.io」を使って、マイコンとの通信や収集したデータの集計の方法など、操作の基本をまとめた書です。

本書では、「sakura.io」を使った通信方法の基本を重点的に説明するため、実例は、スイッチを「オン/オフ」したり、LEDを光らせたりする、あえてシンプルなものとし、分かりやすいソースとして掲載するよう心掛けました。

詳しくは第1章で説明していますが、「sakura.io」が通信するデータは、「8バイトの任意のデータ」であるため、その送受信の方法さえ分かれば、さまざまな応用が利くからです。

本書で説明する「sakura.io」を使った通信機能と、皆さんがすでに作っている「電子工作」を合体させて、ぜひ「インターネットから使える電子工作」を作ってみてください。

「sakura.io」は、趣味の電子工作のIoT化の先駆けになること、間違いありません。

大澤 文孝

「sakura.io」ではじめる IoT 電子工作

CONTENTS

Color Index ·· 2
はじめに ·· 5
サンプルのダウンロード ·· 8

第1章 「sakura.io」を使おう

[1-1] 「マイコン」をインターネットに接続する方法 ················· 9
[1-2] 「マイコン」のインターネット通信機能をトータルで提供する「sakura.io」 ·········· 10
[1-3] 送受信できるデータ構造 ····································· 11
　column ファイルの送信機能 ····································· 12
[1-4] 「sakura.io」の製品構成 ····································· 14
[1-5] 「sakura.io」の料金体系 ····································· 15
[1-6] 本書の内容 ·· 16

第2章 「sakura.io」を使う準備

[2-1] 「sakura.io」の「モジュール」を使えるようにする ············· 17
[2-2] 「さくらインターネット」の会員登録をする ··················· 18
[2-3] 「コントロールパネル」へのログイン ························· 20
[2-4] 「プロジェクト」の新規作成と、「モジュール」の登録 ········· 21
　column 「モジュール」を解除するには ··························· 25

第3章 「Arduino」で「sakura.io」を使う

[3-1] 「押しボタン・スイッチ」を付ける ··························· 29
[3-2] 「Arduino IDE」と「ライブラリ」を準備する ·················· 31
[3-3] 「さくらのモジュール (LTE)」とシールドを組み立てる ·········· 32
　column 「シールド for Arduino」のジャンパ ····················· 35
[3-4] 実験用のスイッチを配線する ································· 39
[3-5] 「押しボタン・スイッチ」の「オン/オフ」の状態を送信するプログラムを作る ········· 40
　column 「書き込み」に失敗したときは ··························· 44
[3-6] 「Arduino」を使った「sakura.io」プログラミングの基本 ········· 46
　column 無駄なデータ送信しないように作る ····················· 49

第4章 「Arduino」と「センサ」をつなぐ

[4-1] 温度の変化をネット経由でチェック ··························· 51
[4-2] 「温度センサ」を接続する ··································· 53
[4-3] 定期的に「温度」を取得して「sakura.io」に送信するプログラムを作る ·········· 53
[4-4] 「I2C」を使った各種操作の基本 ······························ 55
[4-5] 「WebSocket」に「プログラム」から接続して「データ」を取得する ········· 58
　column セキュリティに注意 ····································· 62
　column さくらモジュール (LTE) のファームウェアをアップデートする ········· 67

CONTENTS

第5章	インターネットから「Arduino」を操作する

[5-1]「フルカラー LED」をネット経由で操作 ……………………………………… 69
[5-2]「フルカラー LED」を接続する ………………………………………………… 71
[5-3]「送信データ」の構造を決める ………………………………………………… 72
[5-4] データを受信して「フルカラー LED」の輝度を設定する ………………… 73
[5-5]「WebSocket」からデータを送信する ………………………………………… 77
　　　column　すべてのモジュールに送信したいとき …………………………… 81

第6章	「Raspberry Pi」で「sakura.io」を使う

[6-1]「Raspberry Pi」に「押しボタン・スイッチ」と「フルカラー LED」を取り付け ………… 85
[6-2]「さくらのモジュール (LTE)」と「HAT for Raspberry Pi」を組み立てる ……… 87
　　　column　「Raspberry Pi」におけるピン番号の指定方法 ……………………… 91
[6-3] 実験用の電子工作を接続する ………………………………………………… 92
[6-4]「sakura.io」を操作する「ライブラリ」を準備する ………………………… 93
[6-5]「押しボタン・スイッチ」の「オン／オフ」の状態を送信するプログラムを作る …… 94
[6-6] 受信した輝度通りに「フルカラー LED」を光らせるプログラムを作る …… 98

第7章	「BLE センサ」で「温度」「湿度」「気圧」のデータを送る

[7-1]「BLE センサ」に接続し「sakura.io」を使ってデータを送信 ……………… 105
[7-2]「BLE」を理解する …………………………………………………………… 107
　　　column　「キャラクタリスティック」をハックする ………………………… 109
[7-3] Linux コマンドで「BLE センサ」の値を取得する ……………………… 110
[7-4] Python で「BLE センサ」の値を取得する ……………………………… 117
[7-5] 取得したデータを「sakura.io」で定期的に送信する …………………… 123
　　　column　ログオフしても終了しないようにするには ……………………… 127

第8章	「sakura.io」から送信されたデータを処理する

[8-1] さまざまな「連携サービス」………………………………………………… 129
[8-2]「JavaScript」のライブラリを使って簡単にグラフにする ……………… 130
[8-3] IoT の標準プロトコル「MQTT」を使う ………………………………… 134
　　　column　電子工作を作るのが面倒な場合① ……………………………… 140
　　　column　電子工作を作るのが面倒な場合② ……………………………… 142
　　　column　「AWS」や「Azure」の IoT サービスと連携する ……………… 143
[8-4] データを一定期間「永続保存」する「データストア」を使う …………… 143
　　　column　「REST 形式」でデータを送受信できる「Incomming Webhook」と「Outgoing Webhook」…… 146
[8-5]「ファイル配信機能」を使う ………………………………………………… 148

Appendix

メッセージ仕様 ……………………………………………………………………… 155

索　引 ………………………………………………………………………………… 158

サンプルのダウンロード

本書のサンプルデータは、サポートページからダウンロードできます。

http://www.kohgakusha.co.jp/support.html

ダウンロードしたZIPファイルを、下記のパスワードを大文字小文字に注意して、すべて半角で入力して解凍してください。

tThG49QBa

※ パスワード付きZIPファイルがうまく解凍できない場合は、別の解凍ソフトなどをお試しください。

● 各製品名は、一般に各社の登録商標または商標ですが、®およびTMは省略しています。

第1章

「sakura.io」を使おう

「sakura.io」は、マイコン向けの「インターネットモジュール」です。
このモジュールを使うと、「Arduino」や「Raspberry Pi」「mbed」などのマイコンを、
簡単にインターネットと接続できるようになります。

1.1 「マイコン」を「インターネット」に接続する方法

「あらゆるものをインターネットに接続しよう」という言葉である「IoT」（Internet Of Things）。

言うのは簡単ですが、その実現は容易ではありません。
そこには「通信」と「プロトコル」の問題があるからです。

---

① インターネットとの接続回線
　ひとつ目の問題は、インターネットへの接続回線です。
　この答えは、大きく2つあります。

(a) ひとつは「Wi-Fi」を使って接続すること
(b) もうひとつは「携帯電話の電波」などを使うこと

です。

　最近は、Wi-Fiに対応したマイコンモジュールも多いため、（a）の方式は、比較的容易に実現できるようになりました。
　しかしWi-Fiルータの近くで利用する必要があるため、移動しながら利用するのは困難です。

　（b）の場合、移動しながらでも使えますが、携帯電話の「SIMカード」や「通信モデム」が必要となるため、コストが比較的大きくなりがちです。

② マイコンにとって「TCP/IP」処理が重い
　もうひとつの問題は、インターネットでの通信は「TCP/IP」というプロトコルを用いているという点です。
　このプロトコルの規約通りのパケットを作る必要があり、エラーがあった場合には再送する処理も必要です。

9

第1章 「sakura.io」を使おう

　こうしたプログラムは複雑で、「Raspberry Pi」のようなLinux搭載のマイコンならともかく、「Arduino」や「mbed」などのマイコンでは荷が重すぎます。

1.2 マイコンのインターネット通信機能をトータルで提供する「sakura.io」

　こうした「マイコン」をインターネットに接続するときの困難を解決してくれるのが、さくらインターネットの「sakura.io」です。

■「モジュール」から「送受信サーバ」までを提供するプラットホーム

　「sakura.io」で中心となるのは、「さくらインターネット」や「パーツ・ショップ」などで購入できる「さくらのモジュール（LTE）」という基板です。
　この「モジュール」には、「SIMカード」が装着されており、「LTE」を使って通信します（図1-1）。

　マイコンと「モジュール」とは、「SPI」「I2C」「シリアル（UART）」のいずれかで接続します。
　ほとんどのマイコンは、これらのインターフェイスに対応しているので、さまざまなマイコンと接続できます。

図1-1　さくらのモジュール（LTE）

　LTEの通信先にあるのが、「さくらインターネットデータセンター」です。

　「sakura.io」では、「コントロールパネル」と呼ばれる、それぞれの利用者専用の「管理ページ」が提供されます。

「管理ページ」には、「受信したデータを参照」したり、「データを送信」したりする機能があり、「マイコン」と「データ」のやり取りができます。

この「管理ページ」で設定すると、「JSON形式データ」として「外部アプリ」と「データ」をやり取りできるようになります。

*

このように「sakura.io」は、「モジュール」だけでなく、それを操作するための「管理ページ」や「ツール」「外部サービス」との連携までをサポートする、トータルなプラットホームです（図1-2）。

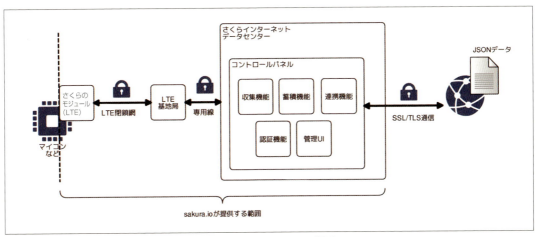

図1-2 sakura.ioの構成

1.3 送受信できるデータ構造

「sakura.io」は、さまざまなマイコンで手軽にデータの送受信ができることを目的としているため、複雑なデータを送信することはできません。

■「8バイト」単位のデータを「キューイング」して送信する

「sakura.io」のデータ送受信の構造は、図1-3のように構成されています。

図1-3から分かるように、「16チャンネルぶん」のデータを送信でき、それぞれのチャンネルに、一度に送信できるデータ量は「8バイト」です。

この8バイトは、「int型」だったり、「float型」だったり、「double型」だったり、「文字列」であったりと、目的に応じて、さまざまなデータとして構成（キャスト）できます。

*

それぞれのチャンネルは「キューイング」されていて、実際の操作としては、

[1] キューに値を設定する
[2] キューの送信コマンドを送る

という操作をすると、設定した全チャンネルぶんのデータがまとめて送信されるという仕組みです。

第1章　「sakura.io」を使おう

「受信」についても、同様です。

＊

8バイト以上のデータを送信したいときは、分割して送信する必要があります。

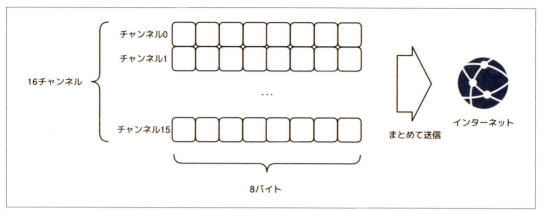

図 1-3　16 チャンネル 8 バイトのデータで構成される

> **コラム　ファイルの送信機能**
>
> 「sakura.io」には、「ファイルの送信機能」もあります。
> この機能を使うと、「sakura.io」のコントロールパネルで「送信したいファイルの URL」を設定すると、そのファイルを「sakura.io モジュール」に送信できます。
> この機能は、マイコンのアップデートファイルを送信したいときなどに使うと便利です。

■ インターネットとのやり取りは「JSON データ」

「sakura.io」で送受信されるデータはインターネットと連携できますが、このときの連携フォーマットは「JSON 形式」です。

「sakura.io」から「送信」されたデータは、チャンネルごとに分けられて、「JSON 形式」のデータとして取得できます。
このときサーバ側で、データを「受信」したときの「時刻」が設定されます（**リスト 1-1**）。

「送信」のときも、ほぼ同様のフォーマットで構成されます。

リスト 1-1　JSON データの例

```
{
    "module": " モジュール名 ",
    "type": "channels",
```

[1.3] 送受信できるデータ構造

```
        "datetime": " 時刻 ",
        "payload": {
            "channels": [{
                "channel": 0,
                "type": "I",
                "value": チャンネル 0 のデータ ,
                "datetime": " 時刻 "
            }, {
                "channel": 1,
                ...
                ..
                .
            }]
        }
}
```

■ その他の通信機能

　基本は、このように「8 バイト」のデータを送受信するものですが、オプションとして次のサービスも提供されています。

---

① 時刻提供機能
　定期的に正しい時刻を送信する機能です。

② 簡易位置情報提供機能
　通信している「LTE 基地局情報」から、「モジュール」の大まかな位置を提供する機能です。

■「モジュール」を使う場合の注意

　「sakura.io」は、「センサなどで取得したデータをインターネットに送信する」など、さほどリアルタイムではない「少量のデータ」を送受信することを前提としています。

*

　「sakura.io」は、「ベストエフォート型」のサービスであり、「速度の保障」も「届いたかどうかの保障」もありません。
　ですから、「データの抜け」や「遅延」が少々発生しても問題ないサービスに利用してください。
　リアルタイムな送受信が必要となる場面には向きません。

第1章 「sakura.io」を使おう

1.4 「sakura.io」の製品構成

「sakura.io」で実際にデータを送受信するのは、先に説明した「モジュール」ですが、「モジュール」は、とても細かい特殊なコネクタなので、そのままマイコンに接続することは難しいです。

そこで、何らかの変換基板を使って接続するのが一般的です。

＊

用途に応じて、次の変換基板が提供されています。
利用するマイコンの種類に合わせて、下記のうち1つは用意する必要があります。

①シールド for Arduino

「Arduino」のシールドとして提供される変換基板です。

本書では、第3章～第5章で、このシールドを使います（図1-4）。

図1-4　シールド for Arduino

②HAT for Raspberry Pi

「Raspbery Pi」の「HAT」として提供される変換基板です。

本書では、第6章・第7章で、この「HAT」を使います（図1-5）。

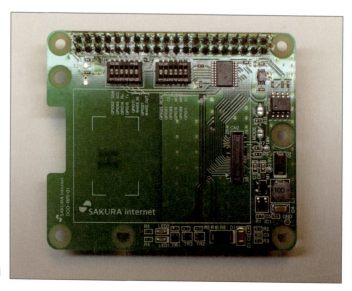

図1-5　HAT for Raspberry Pi

14

[1.5]「sakura.io」の料金体型

③ブレイクアウト・ボード

「さくらのモジュール（LTE）」を接続して、その配線を取り出せるようにしたボードです。

各種汎用的な試作や、「Arduino」や「Raspberry Pi」以外のマイコン——たとえば、「mbed」や「IchigoJam」「TWELITE」など——と接続するときに使います（**図1-6**）。

図1-6　ブレイクアウトボード

1.5 「sakura.io」の料金体系

「sakura.io」の基本料金は、本書の執筆時点で、月額60円です。「モジュール」をコントロールパネルに追加したときから課金が発生します。

通信費用は「ポイント」という単位で課金されます。モジュール購入時に10,000ポイント分が付与されており、以降、基本費用を支払っている限り、毎月10,000ポイントずつ加算されます。

先に説明したキューのデータを1回送信すると、「1ポイント」消費し、ポイントがなくなると通信できなくなります。それ以上通信したいときは、20,000ポイントあたり100円で追加購入できます。

> **メモ** これとは別に、「データストア」という機能を使ったデータの保存（**第8章**を参照）、簡易位置情報、ファイル配信機能は、それぞれ別途、料金がかかります。

使い方にもよりますが、月に10,000ポイントということは、1日当たり333ポイントですから、「333÷224=13.875」と、1時間当たり、13回弱の送受信までなら——5分に1回程度の送受信——なら、月額60円の基本料金内に収まるはずです。

第1章 「sakura.io」を使おう

1.6 本書の内容

　本書では、「Arduino」と「Raspberry Pi」の2種類のマイコンを使って、「sakura.io」を使ったデータ送受信の方法を説明します。

　「sakura.io」を使うには、さくらインターネットの会員になったり、「モジュール」の登録をしたりする必要があります。
　その手順を、まず、**第2章**で説明します。

＊

　そして、**第3章**以降は、「Arduino」と「Raspberry Pi」に分けて、それぞれでデータの送受信機能を、どのように作ればいいのかを説明します。
　第3章～第5章は「Arduino」の章、**第6章・第7章**が「Raspberry Pi」の章となります。

＊

　そして最後の章である**第8章**では、両マイコン共通の話題として、収集したデータをグラフとして表示するとか、「MQTT」と呼ばれる、IoTでよく使われる汎用プロトコルを使ってやり取りする方法など、「sakura.io」で扱うデータを、どのように処理すればよいのかについて説明していきます。

＊

　なお、マイコンの種類が違っても、マイコン側のプログラムが違うだけで、それを制御するパソコン側のプログラムの構造は同じです。
　本書では、都合上、「Arduino」と「Raspberry Pi」とで章を分けてありますが、他のマイコンの章も参考になるはずなので、一通り読み終わったら、自分が使うマイコン以外の章にも、ぜひ、目を通してみてください。

第2章

「sakura.io」を使う準備

「sakura.io」の「モジュール」を入手したら、「会員登録」や、「モジュール」の登録をしたりして、利用できるように準備を進めていきましょう。

2.1 「sakura.io」の「モジュール」を使えるようにする

この章では、「会員登録」したり、「モジュール」を登録したりして、「sakura.io」を利用できるようにする準備を進めていきます。

■「sakura.io」を使えるようにするための準備

「sakura.io」の初期設定は、「さくらインターネット」社が提供する「コントロールパネル」と呼ばれる場所で行ないます。

「コントロールパネル」を操作して、「モジュール」を使えるようにするまでの流れは、図2-1のようになります。

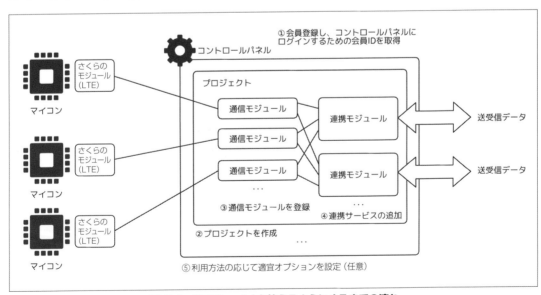

図2-1 「モジュール」を使えるようにするまでの流れ

第2章 「sakura.io」を使う準備

---

①「会員登録」する

まずは、氏名や連絡先などを入力して、「さくらインターネット」の会員として登録します。

すると、「会員 ID」と「パスワード」が発行され、「コントロールパネル」が使えるようになります。

②「プロジェクト」を作る

「モジュール」「連携サービス」「各オプション」は、「プロジェクト」と呼ばれる単位で管理されます。そこでまず、「コントロールパネル」にログインし、プロジェクトを作ります。

③「モジュール」の登録

手持ちの「モジュール」をプロジェクトに登録します。すると、その時点から課金が開始され、「モジュール」を使った通信ができるようになります。

④「連携サービス」の追加

「モジュール」と「データ」をやり取りするには、プロジェクトに対して、1つ以上の「連携サービス」と呼ばれるサービスを構成する必要があります。

> ※ 正確には、連携サービスを構成しなくてもプラットフォームに蓄積はされますが、データの参照や外部からモジュールへの送信のためには何らかの連携サービスを構成する必要があります。

「連携サービス」は、データ送受信の口に相当するものです。

この章では、もっとも基本的な連携サービスである「WebSocket 連携サービス」を追加します。

■ 準備するもの

この章では、「sakura.io」の「モジュール」を「コントロールパネル」に登録します。

あらかじめ、「さくらインターネット」の通販サイトやパーツ・ショップなどで、「モジュール」を購入しておいてください。

表 2-1　この章で必要なもの

部　材	説　明
さくらのモジュール (LTE)	「sakura.io」の「モジュール」

2.2　「さくらインターネット」の会員登録をする

まずは、「さくらインターネット」の会員登録をします。

会員登録すると、「会員 ID」が割り当てられ、「コントロールパネル」が使えるようになります。

> ※ もし、すでに「さくらインターネット」のレンタルサーバなどのサービスを使っていて、会員 ID をもっているのであれば、その会員 ID を使うことができます。その場合は、この節は読み飛ばして、次の節に進んでください。

[2.2]「さくらインターネット」の会員登録をする

手順 「さくらインターネット」の会員登録をする

[1]　「さくらインターネット」会員登録ページを開く

「さくらインターネット」会員登録ページを開き、「氏名」「メールアドレス」「生年月日」「住所」、そして、設定する「パスワード」などの必要事項を入力し、[確認画面へ進む]をクリックしてください（図2-2）。

※ ここで入力したメールアドレスには登録完了通知が送信されるため、間違えないようにしてください。

[さくらインターネット会員登録ページ]

https://secure.sakura.ad.jp/signup3/member-register/input.html

図 2-2 「メールアドレス」や「氏名」などを入力して、会員登録する

[2]　確認する

確認画面が表示されます。

入力に間違いがなければ、[会員登録する]ボタンをクリックしてください（図2-3）。

図 2-3　入力した内容を確認する

19

[3] 登録が完了した

会員登録が完了します。

ここで表示される「会員ID」は、ログインするときに必要になります（図2-4）。

メールでも同じ内容が届きますが、念のため、控えておいてください。

図2-4　「会員ID」が発行された

2.3 「コントロールパネル」へのログイン

「会員ID」を取得したら、「コントロールパネル」にログインしましょう。

手順　「コントロールパネル」にログインする

[1] 「コントロールパネル」を開く

「sakura.io」の「コントロールパネル」を開きます（図2-5）。

[sakura.ioのコントロールパネル]

```
https://secure.sakura.ad.jp/iot/login/
```

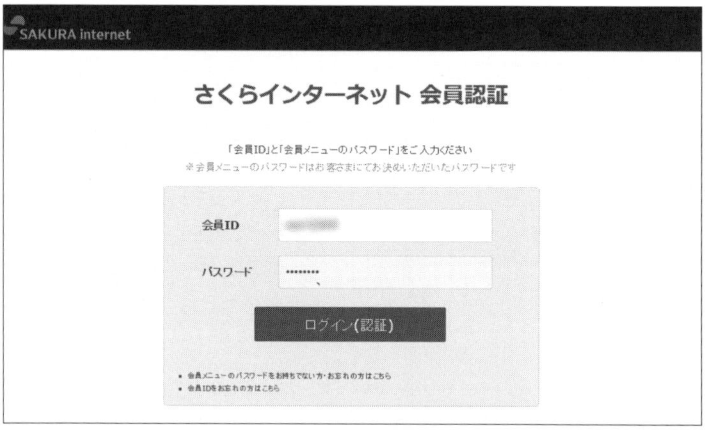

図2-5　「コントロールパネル」を開く

[2] 「約款および個人情報の取扱い」に同意する

初回に限り、「約款および個人情報の取扱いについてのご確認」の画面が表示されるので、[同意する] をクリックしてください（図2-6）。

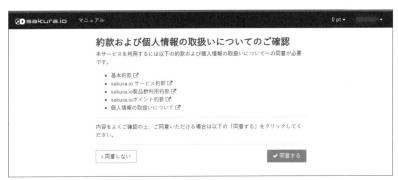

図2-6 「約款および個人情報の取扱い」に同意する

[3] 「コントロールパネル」が表示された

「コントロールパネル」が表示されます。

「デフォルトプロジェクト」というプロジェクトが表示されているはずです（図2-7）。

図2-7 「コントロールパネル」にログインしたところ

2.4 「プロジェクト」の新規作成と、「モジュール」の登録

次に、「プロジェクト」を作り、「モジュール」を登録します。

■ プロジェクトを作成する

はじめから作られているデフォルトプロジェクトを、そのまま利用してもよいのですが、分かりにくくなるので、本書では、最初にプロジェクトを作ることにします。

プロジェクト名は、何でもかまいませんが、本書では、「はじめてのsakura.io」と名付けることにします。

手順 「プロジェクト」を作る

[1] プロジェクトを追加する

「コントロールパネル」のトップで［プロジェクト追加］をクリックしてプロジェクトを追加します（図 2-8）。

図 2-8　プロジェクトを追加する

[2] 「プロジェクト名」を入力する

「プロジェクト名」が尋ねられます。

ここでは「はじめての sakura.io」と入力して［追加］ボタンをクリックします（図 2-9）。

図 2-9　プロジェクト名を入力する

[3] プロジェクトが追加された

プロジェクトが追加されました（図 2-10）。

図 2-10　プロジェクトが追加された

[2.4]「プロジェクト」の新規作成と、「モジュール」の登録

■「モジュール」を登録する

次に、購入した「sakura.ioのモジュール」をプロジェクトに登録します。

手 順　「モジュール」をプロジェクトに登録する

[1]　モジュールを登録する

いま作った「はじめてのsakura.io」のプロジェクト枠内にある［モジュール登録］をクリックします（図2-11）。

図2-11　モジュールを登録する

[2]　「登録用ID」や「パスワード」「名称」を入力する

「登録用ID」と「登録用パスワード」を入力します。

この2つの値は、「さくらのモジュール（LTE）」の表面に貼られたシールに「ID」と「PASS」という表記で記載されているので、これらを入力します（図2-12）。

名称は、任意の名称です。

たとえば、「モジュール1枚目」とか「開発用モジュール」など、「モジュール」を区別できるような、好きな名称を入力すればいいでしょう（図2-13）。

これらの値を入力したら、［追加］ボタンをクリックしてください。

※　この画面で［追加］ボタンをクリックすると、その時点から基本料金の課金が始まります。

図2-12　「さくらのモジュール（LTE）」の表面に貼られたシールで「ID」と「PASS」を確認する

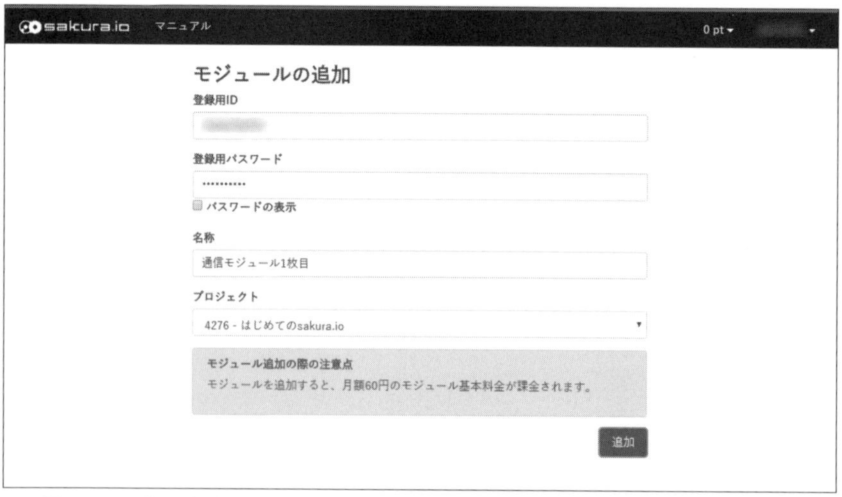

第2章 「sakura.io」を使う準備

図2-13 「ID（登録用ID）」と「PASS（登録用パスワード）」を入力して登録する

[3] 追加された

追加された旨のメッセージが表示されます。

［ホームへ戻る］をクリックして、ホーム画面に戻ってください（図2-14）。

> **メモ** 「モジュール」には、10000ポイントぶんの利用権が付いています。「モジュール」を登録した時点で、そのポイントが加算されます。
> 残りポイントは、「コントロールパネル」右上の会員IDの左側に「pt」という単位で表示されます。

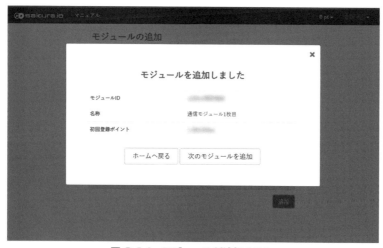

図2-14 モジュールが追加された

[4] 追加されたことを確認する

モジュールがプロジェクトに追加されたことを確認します。

まだ電源を入れていないので、「接続」は「オフライン」となっています（図2-15）。

次章で実際に電源を入れると、「オンライン」になります。

[2.4]「プロジェクト」の新規作成と、「モジュール」の登録

図 2-15 プロジェクトにモジュールが追加された

コラム 「モジュール」を解除するには

　1つのモジュールは、1つのプロジェクトにしか属せません。
　いずれかのプロジェクトに登録されている状態で再度登録しようとすると、すでに登録されている旨のエラーが表示され登録することはできません。
　のちにほかのプロジェクトを作って、そちらのプロジェクトで使いたいとなった場合はモジュールの設定でほかのプロジェクトに移動できます。（異なる会員IDで使う場合はいったん登録解除して、登録し直す必要があります）。
　「モジュール」の右側に表示されている歯車のボタンをクリックすると、設定画面が表示されます。この画面から、登録解除したり、ほかのプロジェクトに移動したりできます（**図 2-16**）。

図 2-16 モジュールを解除したりほかのプロジェクトに移動したりする

■「連携サービス」を追加する

　実際にデータを送受信するには、その送受信口となる「連携サービス」の登録が必要です。
　本書の執筆時点では、**表 2-2** に示す「連携サービス」があります。
　サービスによって、送受信できる方向が異なります。

25

第2章 「sakura.io」を使う準備

表 2-2 連携サービス

連携サービス名	データの方向	説 明
WebSocket	双方向	RFC6455 で定義されている HTTP を用いた通信プロトコル
Outgoing Webhook	sakura.io → 外部	データが到着したときに、あらかじめ指定した URL を呼び出す方式
Incoming Webhook	外部 → sakura.io	「sakura.io」側のあらかじめ指定した URL を呼び出すと、そのデータが「sakura.io」に送信される方式
MQTT Client	双方向	IBM らが提唱したメッセージベースの通信プロトコル MQTT（Message Queue Telemetry Transport）を用いる方式。
DataStore API	sakura.io → 外部	「sakura.io」の中に自動で貯められたマイコンのデータを、あとから取得できるようにする方式
AWS IoT	双方向	AWS で提供されている IoT サービスとの連携
Azure IoT Hub	双方向	Azure で提供されている IoT サービスと連携

　双方向通信可能な、もっとも基本的なサービスが「WebSocket」です。
　この連携サービスを使うと、「コントロールパネル」上に受信したデータが表示されるようになるので、動作テストやデバッグにも適します。
　そこで本書では、しばらくの間、この「WebSocket 連携サービス」を使っていくことにします。

　次の手順で、「WebSocket 連携サービス」を追加してください。

手順 「WebSocket 連携サービス」を追加する

[1] サービスを追加する
　［サービス追加］ボタンをクリックして、サービスを追加してください（図 2-17）。

図 2-17　サービスを追加する

[2.4]「プロジェクト」の新規作成と、「モジュール」の登録

[2]「WebSocket」を追加する

「WebSocket 連携サービス」を追加したいので、[WebSocket]をクリックしてください(図2-18)。

図 2-18 「WebSocket 連携サービス」を追加する

[3] 名前を付ける

WebSocket に名前を付けます。

任意の名前でかまいません。ここでは「ウェブソケット01」という名前にします(図2-19)。

図 2-19 連携サービスに名前を付ける

[4]「WebSocket」ができた

「WebSocket」ができました。以降、この連携サービスを使って、データを送受信していきます。

図 2-20 連携サービスが追加された

*

次章では、「モジュール」からデータを送信する簡単な電子工作を作り、ここで設定した「WebSocket 連携サービス」を通じて、送信されたデータが見えることを確認していきます。

27

第3章

「Arduino」で「sakura.io」を使う

準備ができたら、さっそく、「sakura.io」を使っていきましょう。まずは、「Arduino」で「sakura.io」を使ってみます。

3.1　「押しボタン・スイッチ」を付ける

　この章では、「Arduino」に「押しボタン・スイッチ」を付け、「押しボタン・スイッチ」の「オン/オフ」の状態を「コントロールパネル」で見ることができるプログラム（Arduinoスケッチ）を作っていきます。

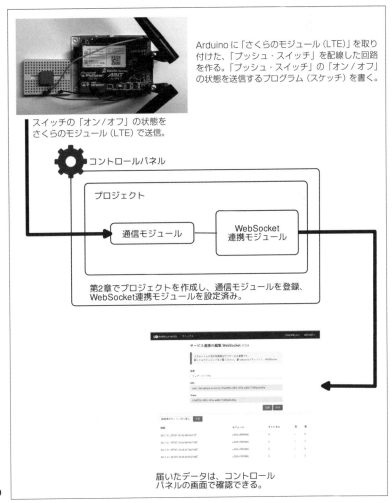

図 3-1　この章で作るもの

第3章 「Arduino」で「sakura.io」を使う

> **メモ** 「押しボタン・スイッチ」は、「押すとオン」になり、「離すとオフ」になるスイッチで、小型のものは、「タクタイルスイッチ」とも呼ばれます（「タクト・スイッチ」と呼ばれることもありますが、これはアルプス電気の商標です）。

■ 準備するもの

第1章で説明したように、「Arduino」と「sakura.io」とを接続するには、①「ブレークアウトボードを使う方法」と②「シールド for Arduino を使う方法」があります。

どちらでもいいのですが、本書では、「Arduino UNO R3」の上に載せるだけですむ、②の方法を使います。
（①の方法でも、「ジャンパ・コード」で配線すれば、まったく同等のことができます）。

そして、「押しボタン・スイッチ」を使うため、「押しボタン・スイッチ」自体や「プルダウン用の抵抗器」（10kΩ）、「ブレッドボード」や配線をするための「ジャンパ・コード」などを用意してください（**図 3-2**、**表 3-1**）。

図 3-2 この章で作る回路

「Arduino UNO R3」に「さくらのモジュール（LTE）」をハメた「シールド for Arduino」を載せる。
そして「ブレッドボード」で「押しボタン・スイッチ」を使った回路を作り、配線する。

表 3-1 この章で必要なもの

部　材	説　明
さくらのモジュール（LTE）	「sakura.io」のモジュール
Arduino UNO R3	「Arduino」本体
シールド for Arduino	「Arduino」と「さくらのモジュール（LTE）」を接続するためのシールド
ブレッドボード	電子工作をするための「ブレッドボード」
ジャンパ・ケーブル	配線する「ジャンパ・ケーブル」
押しボタン・スイッチ	適当な「プッシュ型」のスイッチ
10kΩ抵抗器	プルダウン用の抵抗

3.2 「Arduino IDE」と「ライブラリ」を準備する

電子工作を始める前に、「Arduino」の開発環境を整えましょう。

「Arduino」のプログラム（「スケッチ」と言います）を作るには、「Arduino IDE」と呼ばれるソフトが必要です。「Arduino」のダウンロードページからダウンロードして、インストールしておいてください（図 3-3）。

Windows を使っているのなら「Windows Installer」の形式を使うといいでしょう。

ダウンロード後、それを起動するだけでインストーラが起動して、簡単にインストールできます。

[Arduino IDE のダウンロードページ]

https://www.arduino.cc/en/Main/Software

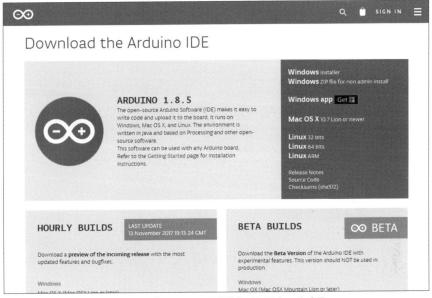

図 3-3　「Arduino IDE」をインストールする

■「sakura.io ライブラリ」をインストールする

「Arduino」で「sakura.io」を使うには、「sakura.io ライブラリ」が必要です。
「Arduino IDE」を起動して、次の手順でインストールしてください。

手順　「sakura.io ライブラリ」をインストールする

[1]　ライブラリの管理画面を開く

［スケッチ］メニューから［ライブラリをインクルード］―［ライブラリを管理］を選択します（図 3-4）。

第3章 「Arduino」で「sakura.io」を使う

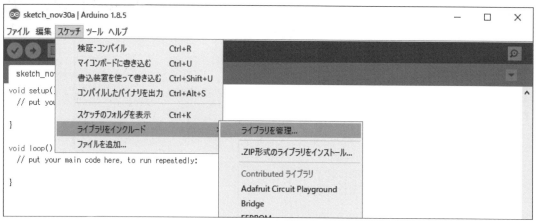

図3-4 ライブラリの管理画面を開く

[2]「sakuraio」を検索してインストールする

「ライブラリ・マネージャ」が起動するので、「検索ボックス」に「sakuraio」と入力して検索します。

すると、「SakuraIO」というライブラリが見付かるので、選択してインストールします。

インストールが終わったら、[閉じる]をクリックして、「ライブラリ・マネージャ」を閉じてください（図3-5）。

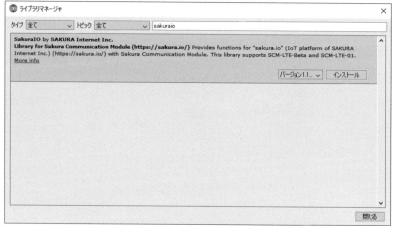

図3-5 「SakuraIO ライブラリ」をインストールする

3.3 「さくらのモジュール（LTE）」とシールドを組み立てる

次に、「シールド for Arduino」を組み立て、「Arduino」に差し込みます。

■「シールド for Arduino」を組み立てる

①「シールド for Arduino」に「さくらのモジュール（LTE）」を取り付けたり、②「アンテナ」を接続したりして組み立てていきます。

手順　「シールド for Arduino」を組み立てる

[1]「さくらのモジュール（LTE）」の裏側に「アンテナ」を接続する

「さくらのモジュール（LTE）」の裏側に、モジュールに同梱されている「アンテナ」の配線

[3.3]「さくらのモジュール(LTE)」とシールドを組み立てる

を接続します(図3-6)。

「アンテナ」は2本あります。少し固めですが、上からしっかりと、"カチッ"とはまるまで押し込んでください。

「アンテナ」の取り付けは必須です。電波状況が良いところであっても、必ず取り付けてください。

取り付けないと、まったく通信できません。

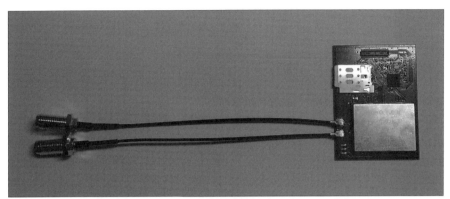

図3-6「さくらのモジュール(LTE)」の裏側に「アンテナ」の配線を取り付ける

[2]「シールド for Arduino」に接続する

「シールド for Arduino」のコネクタに、[1]であらかじめ「アンテナ」を取り付けておいた「さくらのモジュール(LTE)」を接続します。

上から"パチン"とハマります(図3-7、図3-8)。

なお、このコネクタは何度も抜き差しすることを考えられておらず、挿抜保証回数は30回です。

一度、取り付けたら、不用意に抜き差ししないでください。

図3-7「シールド for Arduino」
この中央の空いている部分に
「さくらのモジュール(LTE)」をハメ込む

図3-8「さくらのモジュール(LTE)」をハメ込んだところ

33

第3章 「Arduino」で「sakura.io」を使う

[3] 「ジャンパ・スイッチ」を確認する

「シールド for Arduino」の基板上には、いくつかの「ジャンパ・スイッチ」があります。
工場出荷時のままでよいはずですが、念のため、設定に間違いがないか、確認しておきます。

いくつかの設定がありますが、本書では、「I2Cインターフェイス」として使うものとし、「SDA1/SCL1」で接続するものとします。この場合、「I2Cピン選択ジャンパ」を 図 3-9 のように設定します。

また、下の白いスライドスイッチを「3.3V」のほうに向けてください（図 3-10）。

図 3-9　右上の「ジャンパ・スイッチ」の設定

図 3-10　白い「スライド・スイッチ」は「3.3V」のほうに向ける

[3.3]「さくらのモジュール(LTE)」とシールドを組み立てる

> **コラム** 「シールド for Arduino」のジャンパ

「シールド for Arduino」のジャンパは、右上に2組あり、「I2C」「SPI」「UART（シリアル）」の設定をします（**図 3-11**）。

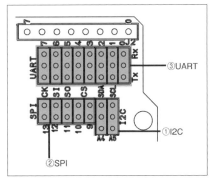

図 3-11 「シールド for Arduino」のジャンパ

① I2C

I2Cを利用する際に指定するジャンパです（**図 3-12**）。

「SDA1 ／ SCL1」と「SDA2 ／ SCL2」のどちらを利用するかを切り替えます。とくに理由がなければ「SDA1 ／ SCL1」を選択しておきます。

「I2C」を利用しないときは、両方ともオープンにしてください。

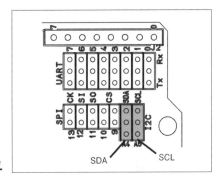

図 3-12 「I2C」の切り替え

② SPI

「SPI」を利用する際に指定するジャンパです（**図 3-13**）。

「SPI」を使う場合、左から3つ分の「CK」「SI」「SO」をショートし、「CS」は、「CS1」と「CS2」の使いたいほうのいずれかをショートしてください。

「SPI」を利用しないときは、すべてオープンにしてください。

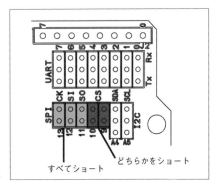

図 3-13 「SPI」の切り替え

35

第3章 「Arduino」で「sakura.io」を使う

③ UART

「UART」を利用する際に指定するジャンパです（図3-14）。

「7」〜「0」の8つのピンがあり、「Arduino」のデジタル出力「D7」〜「D0」に対応します。

「Tx（送信）」と「Rx（受信）」を、「D7〜D0」のどれに割り当てるのかを指定します。

「UART」を利用しないときは、すべてオープンにしてください。

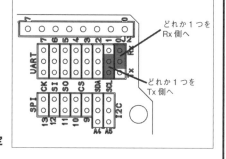

図3-14 「UART」で利用するピンの指定

[4] 「外部アンテナ」を取り付ける

「アンテナ線」の先に、「さくらのモジュール（LTE）」に同梱されている「外部アンテナ」を取り付けます。ネジが切られているので、回して奥まで入れてください（図3-15）。

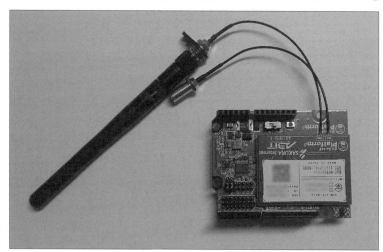

図3-15 「アンテナ」を取り付ける

「シールド for Arduino」には、「アンテナ」を固定するための「スペーサ」と「金具」が同梱されています。これらを使うと、「アンテナ」をシールドの角の「穴」に固定できます（図3-16）。

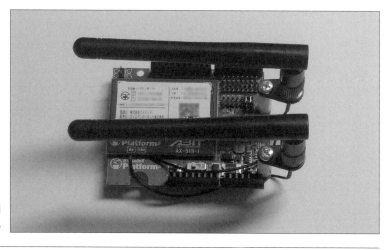

図3-16 「シールド」の「角」に「アンテナ」を固定する

[3.3]「さくらのモジュール（LTE）」とシールドを組み立てる

■「シールド for Arduino」を「Arduino UNO R3」に取り付ける

以上で「シールド for Arduino」の組み立ては、完了です。
最後に、「Arduino UNO R3」に真上からピンの位置が合うように装着し、取り付けてください（図 3-17、図 3-18）。

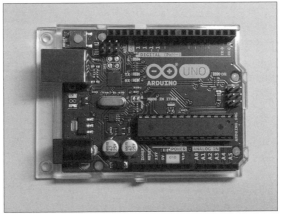

図 3-17 「Arduino UNO R3」のピンにのるように「シールド for Arduino」をのせる

図 3-18 装着後、横から見たところ

■ 電源を入れて「オンライン」になるかを確認する

以上で「さくらのモジュール（LTE）」と「シールド for Arduino」がつながりました。
この段階で、「Arduino UNO R3」に「USB ケーブル」を装着するなり、「外部電源」を接続するなりして、「電源」を入れてみましょう（図 3-19）。

※ USB での給電は補助的なものであり、モジュールの通信を安定させるためには外部電源の使用が適切です。

37

第3章 「Arduino」で「sakura.io」を使う

「シールド for Arduino」の基板には、「上」と「左」に計2個のLEDがあります。上が「ステータスLED」で、右が「電源LED」です。

電源が入れば、右の「電源LED」が「緑色」になります。

「ステータスLED」は、「通信状態」などを示すものです（**表3-2**）。

電源投入時には、高速に点滅し、「LTE」のコネクションが張られると、ゆっくりと点滅します。

ゆっくり点滅しはじめたら、通信できる状態になっています。

> **メモ** 「さくらのモジュール（LTE）」は、必要に応じて自動的にファームウェアを更新します。
> （a）初回に電源を投入したときや、（b）しばらく使っていなかったときなどには、「オンライン」になるまで数分かかることもありますが正常です。

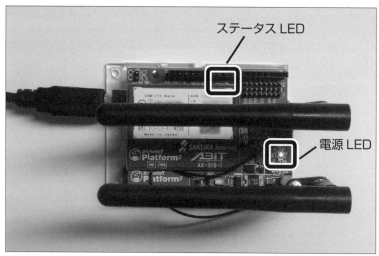

図3-19 電源を接続する

表3-2 「ステータスLED」の意味

点滅数	意　味
1回点滅	LTE網およびプラットフォームとの接続を確立し、「データの伝送が可能」である状態
2回点滅	LTE網およびプラットフォームへの接続試行状態
3回点滅	接続準備中

「LTE」のコネクションが張られたら、「sakura.io」の「コントロールパネル」を確認してみましょう。モジュールが「オンライン」になっているはずです（**図3-20**）。

[3.4] 実験用のスイッチを配線する

図 3-20 「オンライン」になったことを確認する

3.4 実験用のスイッチを配線する

次に、電子工作の部分を作っていきます。この章では「sakura.io」を使って、「押しボタン・スイッチ」の「オン／オフ」の状態をインターネットに伝えます。そこで、「押しボタン・スイッチ」の回路をブレッドで作って、「Arduino」に接続します。

ここでは基本的な回路として、**図 3-21**（回線図は**図 3-22**）のようなスイッチ回路を作ります。

これは「Arduino」における一般的なスイッチ回路です。この回路では、スイッチを「Arduino」の「D2 ピン」に接続しています。

図 3-21 作った「押しボタン・スイッチ」回路

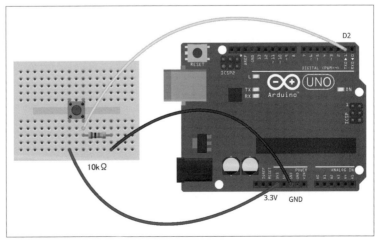

図 3-22 配線図

39

第3章 「Arduino」で「sakura.io」を使う

3.5 「押しボタン・スイッチ」の「オン/オフ」の状態を送信するプログラムを作る

では次に、「押しボタン・スイッチ」の「オン/オフ」の状態を読み取って、その状態を「sakura.io」を経由してインターネットに送信するプログラム（Arduinoスケッチ）を作ります。

そのプログラムは、たとえば、**リスト3-1**のようになります。

リスト3-1　スイッチの「オン/オフ」の状態を送信するプログラムの例

```
#include <SakuraIO.h>

// ボタンを接続したピン番号の定義
const int btnPin = 2;

// I2C接続のオブジェクト
SakuraIO_I2C sakuraio;

// ボタンの状態を保持する変数
int btnStatus = 0;;

// 最初に1回だけ実行される処理
void setup() {
  // ボタンのピンを入力端子として設定する
  pinMode(btnPin, INPUT);

  // 「sakura.io」が接続完了するまで待つ
  while (!sakuraio.getConnectionStatus() & 0x80) {
    delay(1000);
  }
}

// 繰り返し実行される処理
void loop() {
  // 接続されたボタンの状態を取得する
  int nowBtnStatus = digitalRead(btnPin);
  // 前回と変化があるか
  if (btnStatus != nowBtnStatus) {
    // 変化しているので「sakura.io」で、その状態を送信する
    // 0チャンネルで送信する
    sakuraio.enqueueTx(0, (int32_t)nowBtnStatus);
    sakuraio.send();
  }
  // ボタンの状態を更新
  btnStatus = nowBtnStatus;
  // しばらく待つ
  delay(500);
}
```

[3.5]「押しボタン・スイッチ」の「オン/オフ」の状態を送信するプログラムを作る

■「Arduino」のプログラムの入力方法と書き込み方法

　本書は「Arduino」の書籍ではないので、詳細の説明は省きますが、「Arduinoを使うのはじめて」という人もいると思います。
　そこで最低限、**リスト3-1**の「プログラム」を入力して、「Arduino」に書き込むまでの操作を説明しておきます。

手順　「Arduino IDE」でプログラムを記述して書き込み、実行する

[1]　「プロジェクト」を新規作成する
　［ファイル］メニューから［新規作成］を選択して、「新規スケッチ」（「Arduino IDE」におけるプログラムのこと）を作ります（**図3-23**）。

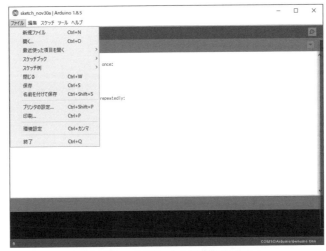

図3-23　プロジェクトを新規作成する

[2]　プログラムを入力する
　リスト3-1に示した通りに「プログラム」を入力します（**図3-24**）。

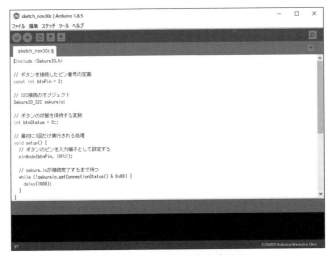

図3-24　プログラムを入力する

41

[3] 保存する

［ファイル］メニューから［保存］をクリックして保存します。このとき、保存先フォルダ名の入力が求められるので、適当な名前を入力します。ここでは「btnExample」というフォルダ名にします（図3-25）。

デフォルトでは、ドキュメントフォルダの「Arduino」フォルダ以下に保存されますが、他の場所にしてもかまいません。

図3-25　プロジェクトを保存する

[4] コンパイルする

［スケッチ］メニューから［検証・コンパイル］を選択して「コンパイル」します（図3-26）。

しばらく待ち、「コンパイルが完了しました」のメッセージが表示されることを確認します。

> ※ 入力したプログラムにミスがある場合は、「エラー」が表示されるので、「エラー・メッセージ」を確認して修正してください。

「コンパイルが完了しました」と表示されれば、「コンパイル」は完了です（図3-27）。

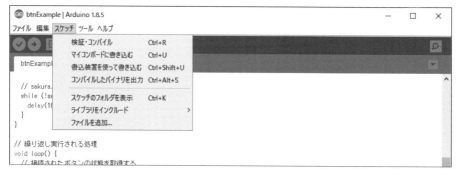

図3-26　コンパイルする

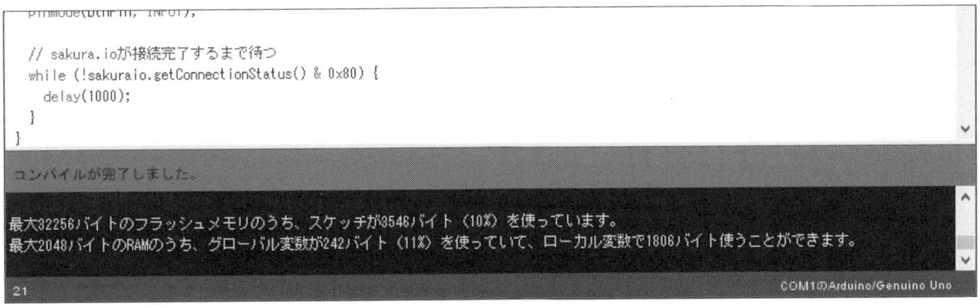

[3.5]「押しボタン・スイッチ」の「オン/オフ」の状態を送信するプログラムを作る

図 3-27　コンパイルが完了したところ

[5]　「Arduino UNO R3」に書き込む

「Arduino UNO R3」に書き込みます。

まずは、「USBケーブル」で「Arduino UNO R3」を接続してください。

そして［スケッチ］メニューから［マイコンボードに書き込む］を選択することで書き込みます（図 3-28）。

「書き込み」が終わると、画面の下に、「ボードへの書き込みが完了しました」と表示されます（図 3-29）。

「Arduino」のプログラムは、「書き込み」が完了すると、「自動的」に「起動」しますが、「Arduino UNO R3」の左上の［RESET］と書かれたスイッチを押すと、好きなタイミングで「再起動」できます。

> **メモ**　「Arduino UNO R3」とパソコンとの接続は、「プログラムの入力前」に接続してもよいですし、「接続しっ放し」でもかまいません。

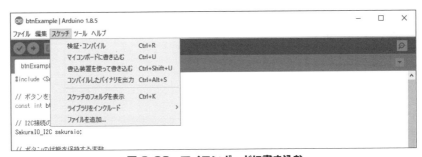

図 3-28　マイコンボードに書き込む

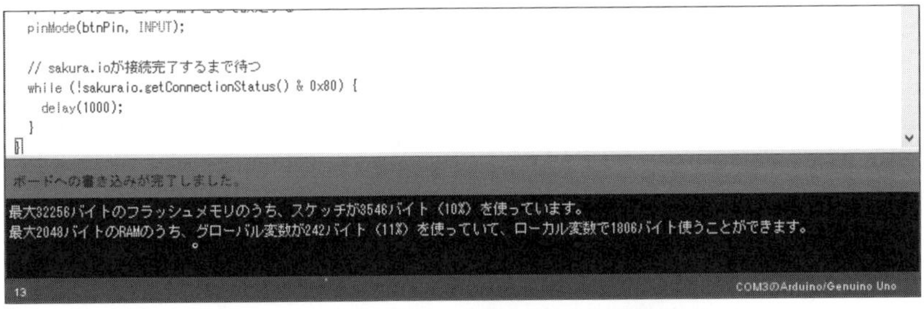

図 3-29　「ボード」への「書き込み」が完了した

第3章 「Arduino」で「sakura.io」を使う

コラム 「書き込み」に失敗したときは

「書き込み」に失敗するときは、[ツール]メニューから[ボード]でマイコンボードの種類が、[シリアルポート]で接続している「シリアル・ポート」の「番号」が正しいことを確認してください（**図3-30**、**図3-31**）。

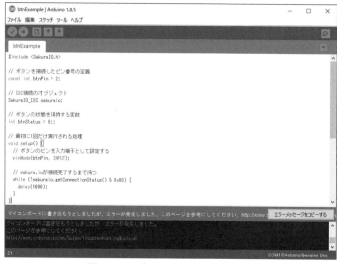

図3-30　書き込みに失敗したとき

図3-31　「シリアル・ポート」を確認する

■「オン/オフ」の状態を「コントロールパネル」で確認する

　プログラムの書き込みが終わったら、動作を試してみましょう。
　「押しボタン・スイッチ」を「オン/オフ」して、その状態が「sakura.io」に流れているか、確認します。

[3.5]「押しボタン・スイッチ」の「オン/オフ」の状態を送信するプログラムを作る

データが届いているかどうかは、「sakura.io」の「コントロールパネル」で確認できます。

手順　「コントロールパネル」上で、「モジュール」から届くデータを確認する

[1]　「WebSocket」の連携サービスを開く

「プロジェクト」上に作っておいた、「WebSocket」の「連携サービス」を開きます。

本書の手順では、第2章で「ウェブソケット01」という「WebSocket」を追加しているので、それをクリックして開いてください（図3-32）。

図3-32　「WebSocket」連携サービスを開く

[2]　「届いているデータ」を確認する

「WebSocket連携モジュール」では、データが届くと、その値が画面に表示されます。

「Arduino」に接続した押しボタンを「オン/オフ」し、データが流れてくることを確認してください。ボタンが「押された」ときは値が「1」になり、「放され」ているときは「0」になります（図3-33）。

なお、「表示されるデータ」は、ブラウザでこの画面を開いた以降に限られます。

「過去のデータ」を取得することはできません。すなわち、ブラウザの［再読込（リロード）］ボタンを押せば、表示されているデータはクリアされます。

「sakura.io」は、データの送受信の回数に対する課金なので、できるだけ無駄なデータを送信しない、またはできるだけまとめてデータを送信するようにするのがポイントです。

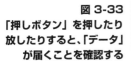

図3-33
「押しボタン」を押したり
放したりすると、「データ」
が届くことを確認する

第**3**章 「Arduino」で「sakura.io」を使う

3.6 「Arduino」を使った「sakura.io」プログラミングの基本

　動作の確認をしたところで、**リスト 3-1** のプログラムが、どのようにして「sakura.io」
で通信しているのかを説明していきます。

■「ライブラリ」の「インクルード」と「送信するオブジェクト」

　「sakura.io モジュール」を使って「通信」するには、「ライブラリ」の「インクルード」
が必要です。次のようにインクルードします。

```
#include <SakuraIO.h>
```

　そして、「送信」するためのオブジェクトを作ります。

　「I2C」で接続する場合、次のように「SakuraIO_I2C オブジェクト」を作ります。

　ここでは、「sakuraio」という名前の変数としました。

　「SakuraIO_I2C オブジェクト」には、さまざまな「メソッド」があり、その「メソッド」
を使って、「接続状態を把握」したり、「データを送受信」したりしていきます。

```
// I2C接続のオブジェクト
SakuraIO_I2C sakuraio;
```

■「Arduino プログラム」の構造

　以下は「Arduino プログラム」がはじめての人に向けての説明です。

　「Arduino」のプログラムは、「setup」と「loop」という 2 つの関数で構成されます。
　「setup」は最初に 1 回だけ実行される関数で、「loop」は繰り返し何度も実行される関数
です。
　「初期化処理」を「setup 関数」に書き、「loop 関数」に実際の処理を書きます。

```
void setup() {
    初期化処理などを書く
}

void loop() {
    繰り返し実行したい処理を書く
}
```

46

[3.6] 「Arduino」を使った「sakura.io」プログラミングの基本

■ 初期化処理

リスト 3-1 では、「初期化処理」において、次の2つのことを実行しています。

---

① 「ボタンを接続したピン」を「入力用」に指定する

1つ目は「sakura.io」とは関係なく、「押しボタン・スイッチ」を使うための処理です。

「Arduino」では、「入出力ピン」(GPIO) を使うときは、そのピンを「入力」か「出力」の、どちらとして使うかを指定する必要があります。

図 3-22 の回路では、「押しボタン・スイッチ」を「2番ピン (D2 ピン)」に接続しています。そこで、「2番ピン」を「入力」として設定します。

リスト 3-1 では、まず、「ピン番号」を次のように「定数」として定義しました。(「定数の定義」は、分かりやすくしたり、あとで「ピン番号」を変更しやすくするためで、必須ではありません)。

```
const int btnPin = 2;
```

そして、この「ピン番号」を「入力」にするため、「pinMode 関数」の「引数」に「INPUT」を指定して実行します。

```
// ボタンのピンを入力端子として設定する
pinMode(btnPin, INPUT);
```

② 「sakura.io」が接続されるまで待つ

もうひとつは、「sakura.io」を使うときの固有の処理で、「接続が完了するまで待つ」というものです。

「sakura.io」は、「電源」を入れてから「オンライン」になるまで、しばらく時間がかかります。その間、データを送信しようとしても失敗します。

そのため、「接続」が完了するまで待たなければなりません。

＊

「現在のステータス」は、「getConnectionStatus」メソッドで取得できます。

この「メソッド」は、「接続中」であるときは、「第7ビット目」(0x80) が「1」になります (**表 3-3**)。

そこで、次のようにして、「接続が完了するまで」待ちます。

```
// 「sakura.io」が接続完了するまで待つ
while (!sakuraio.getConnectionStatus() & 0x80) {
  delay(1000);
}
```

第**3**章　「Arduino」で「sakura.io」を使う

*

なお、ここで実行している「delay 関数」は、「指定したミリ秒だけ、処理を待つ」という意味です。

「delay(1000)」は、1000 ミリ秒——ミリ秒は 1000 分の 1 秒なので、1 秒待つことを意味します。

つまり、「もし、接続完了していなければ、1 秒待ってから、再確認する」という処理が繰り返されます。

表 3-3 「getConnectionStatus」メソッドの「戻り値」

ビット	意　味
7 (0x80)	接続されているか示す。接続中のとき「1」
6〜0	エラーコード。次のいずれかの値
0x00	エラーなし
0x01	圏外
0x02	接続エラー
0x03	意図しない切断

■ データの送信処理

「loop 関数」では、現在の「押しボタン」の状態を取得し、その状態が変わっているなら、「sakura.io モジュール」を通じて、その「新しいボタンの状態」を送信するという処理をしています。

● 「ボタンの状態」を取得して、「前回」と比較する

リスト 3-1 では「ボタンの状態」を調べて、「変化があるとき」だけ、「データ」を送信しています。

「現在のボタンの状態」は、次のように「digitalRead」関数を実行することで取得できます。

「ボタンの状態」は「HIGH」または「1」が「押されている状態」で、「LOW」または「0」が「放されている状態」です。

```
int nowBtnStatus = digitalRead(btnPin);
```

「この値」と「全体の状態」を調べて、データを送信します。

データを送信するには、①「キューを用いた方法」と、②「用いない方法」の 2 通りがありますが、ここではキューを用いた方法を使いました。

「キューを用いる場合」、まず、「enqueueTx」メソッドを使って、「送信したいデータ」

[3.6]「Arduino」を使った「sakura.io」プログラミングの基本

を「キューに登録」します。

```
sakuraio.enqueueTx(0, (int32_t)nowBtnStatus);
```

「第一引数」は、「送信」を区別する「チャンネル番号」です。
「0～15」まで指定でき、ここでは「0」を指定しました。

「第二引数」は、「送信する値」です。
「enqueueTx」は「整数」「実数」「バイト配列」など、いくつかの種類の引数を指定できます。
「整数」を送信する場合、どの型に変換するのか分かりにくいため、ここにあるように「(int32_t)」にキャストしました。

「キュー」に登録したデータを実際に送信するには、「send」メソッドを実行します。
これにより、「キュー」に貯められている「データ」は、逐次、「sakura.io 通信網」を通じて、「送信」されていきます。

```
sakuraio.send();
```

> **コラム　無駄なデータ送信しないように作る**
>
> 「sakura.io」は1データの送信に対する課金なので、できるだけ無駄なデータを送信しないようにするのがポイントです。
> この章で、サンプルでは、ボタンの情報を毎回送信するのではなく、「ボタンの状態が変化したとき」しかデータを送信していません。このように「送信頻度」を下げることで、「課金」を少なくできます。

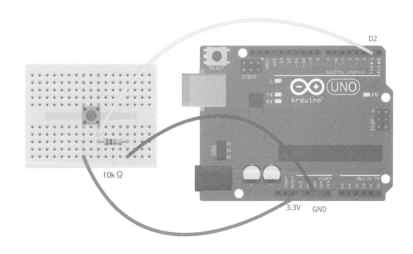

第**3**章 「Arduino」で「sakura.io」を使う

● 応用のヒント

この章では、「Arduino」を使って、「sakura.io モジュール」からデータを送信する方法を説明しました。

ここまで説明してきたように、「Arduino」で「sakura.io モジュール」を使ったデータの送信方法は、次のようになります。

---

① 「setup 関数」で「接続完了」まで待つ

「setup 関数」の処理中に「getConnectionStatus」メソッドを使って、「接続」が完了するまで待ちます。

② 「キュー」に貯めて「送信」する

「送信」するときは、「enqueueTx」メソッドを使って、データを送信キューに登録します。そして「send」メソッドを実行すると、「キュー」に貯めたデータが、実際に送信されます。

＊

ここでは「押しボタン・スイッチ」の状態を②で伝えましたが、「センサ」を使った電子回路を作って、その値を②で送信すれば、その「センサ」の値をインターネットに伝えられます。

実際に、次の章では、「温度センサ」を使って、「室温」を「sakura.io」に定期的に送信する例を見ていきましょう。

第4章

「Arduino」と「センサ」をつなぐ

前章では、スイッチの「オン/オフ」の状態を「sakura.io」で送信しました。
この章では、「センサ」をつないで、そのセンサの状態を「sakura.io」で送信してみましょう。

4.1　温度の変化をネット経由でチェック

　この章では、「Arduino」に「温度センサ」を取り付け、温度の変化をインターネットから見れるようにします。

　そのためには、「温度センサ」の値を読み取り、「sakura.io」を使ってデータを定期的に送信するプログラム（Arduinoスケッチ）を作ります。

　前章で見たように、「WebSocket連携サービス」を使って「sakura.io」の「コントロールパネル」から見る方法では、ログのように表示されるだけで、それを永続的に保存したり、グラフ表示などを行なうことはできません。

　そこで、「コントロールパネル」で見るのではなく、「WebSocket連携サービス」に接続するプログラムを書き、それをパソコンで動かして、定期的にデータを収集するようにします（図4-1）。

図4-1　この章で作るもの

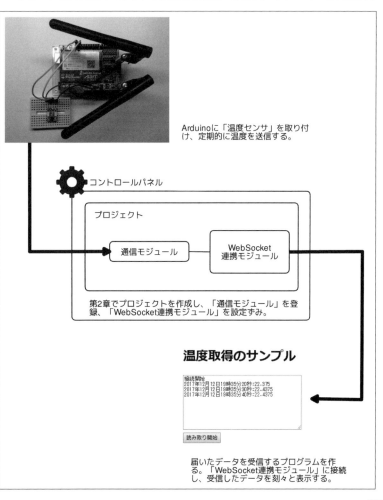

第4章 「Arduino」と「センサ」をつなぐ

この章で実装するのは、受信したデータをテキストで表示するところまでですが、そこまでできれば、あとは、「CSV形式」で保存するなり、グラフとして表示するなど、自在に加工できます。

■ 準備するもの

この章は、**第3章**の続きとなります。
第3章で説明したのと同じ方法で、「Arduino UNO R3」と「シールド for Arduino」を組み立ててください。

電子回路としては、「温度センサ」を用いたものを作ります。
必要な部材は、**表4-1**の通りです。

「Arduino」で利用できる「温度センサ」は、多種多様なものがありますが、本書では、「ADT7410」という「I2C」接続の「温度センサ」を使います。
この「温度センサ」は、とても小型なので、そのまま「ブレッドボード」に指すことはできません。

そこで今回は、秋月電子通商が「ブレッドボード」に差せるようにモジュール化している、

> 「ADT7410使用　高精度・高分解能　I2C・16bit　温度センサ・モジュール」（以下「ADT7410モジュール」）

という製品を使います。
このモジュールは、抵抗器が載った変換基板が同梱されたもので、ピンヘッダだけ半田付けすれば、「ブレッドボード」に装着できます（図4-2）。

図4-2　「ADT7410」使用　高精度・高分解能
「I2C」・16bit　「温度センサ・モジュール」

表4-1　この章で必要なもの

部材	説明
さくらのモジュール（LTE）	「sakura.io」の「モジュール」
Arduino UNO R3	「Arduino」本体
シールド for Arduino	「Arduino」と「さくらのモジュール（LTE）」を接続するためのシールド
ブレッドボード	電子工作をするための「ブレッドボード」
ジャンパ・ケーブル	配線する「ジャンパ・ケーブル」
「ADT7410」使用　高精度・高分解能　「I2C」・16bit　温度センサ・モジュール	秋月電子通商にて入手可能。http://akizukidenshi.com/

[4.3] 定期的に「温度」を取得して「sakura.io」に送信するプログラムを作る

4.2　「温度センサ」を接続する

　第3章で作った「押しボタン・スイッチ」の電子回路を変更し、「ADT7410モジュール」を使った回路に作り替えます。

　「ADT7410モジュール」は、「GND」「SDA」「SCL」「VCC」の4本の配線があるので、これらと「Arduino」とを接続します（図4-3、図4-4）。

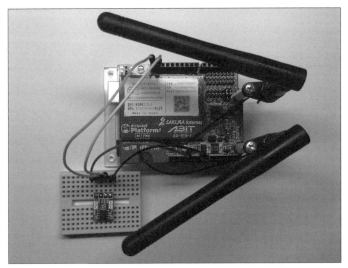

図4-3　「ADT7410モジュール」と「Arduino」とを接続したところ

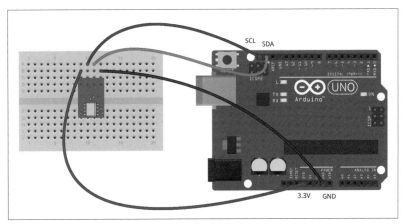

図4-4　配線図

4.3　定期的に「温度」を取得して「sakura.io」に送信するプログラムを作る

　電子回路が出来たら、定期的に「温度」を取得して、「sakura.io」に送信するプログラム（Arduinoスケッチ）を作ります。

　リスト4-1のようになります。

第4章 「Arduino」と「センサ」をつなぐ

リスト4-1 温度を取得して「sakura.io」で送信するプログラムの例

```
#include <SakuraIO.h>
#include <Wire.h>

// ADT7410モジュールのアドレス
const int adt7410Address = 0x48;

// I2C接続のオブジェクト
SakuraIO_I2C sakuraio;

void setup() {
  // I2Cの初期化
  Wire.begin();

  // sakura.ioが接続完了するまで待つ
  while (!sakuraio.getConnectionStatus() & 0x80) {
    delay(1000);
  }
}

void loop() {
  // 現在の温度を取得する
  uint16_t val;
  float t;

  // 2バイト受信する命令を出す
  Wire.requestFrom(adt7410Address, 2);

  // 2バイトを順に読み込む
  val = (Wire.read() << 8) | Wire.read();

  // 摂氏に変換する
  if (val & 0x1000) {
    // 13ビット目が立っているときは負の温度
    t = ((val >> 3) - 8192) / 16.0;
  } else {
    t = (val >> 3) / 16.0;
  }

  // sakura.ioに送信する
  sakuraio.enqueueTx(0, t);
  sakuraio.send();

  // 10秒待つ
  delay(10000);
}
```

「Arduino IDE」でこのプログラムを入力し、「Arduino UNO R3」に書き込んで実行してみてください。

[4.4]「I2C」を使った各種操作の基本

しばらくしてから「sakura.io」のコントロールパネルで「ウェブソケット01」という「WebSocket」連携モジュールを開いてみましょう。

すると、10秒ごとに、温度が表示されていくのが分かるはずです。

「ADT7410」の表面を指で触ると、体温で温度が上昇するので、温度の動きの変化を見てみるといいでしょう（図 4-5）。

> **メモ** リスト 4-1 では、10秒ごとにデータを送信していますが、「sakura.io」は送信したパケット数で課金されるため、10秒ごとに送信するのは適切ではありません。
>
> 温度は、そうそう頻繁に変わるものではないので、10秒単位で刻々と送信するのは無駄です。
>
> 実際に使うときは、5分や10分など、長めの単位にします。

> **メモ** 実験が終わったら、「Arduino UNO R3」の電源を抜いておいてください。
>
> そうしないと、いつまでも10秒ごとに温度データが送信され、無駄に通信ポイントを消費する可能性があります。

図 4-5　「sakura.io コントロールパネル」で確認する

4.4　「I2C」を使った各種操作の基本

正しく動いていることが分かったところで、**リスト 4-1** のプログラムで何をしているのかを説明します。

■「I2C」デバイスを使うためのライブラリ

この章で利用している**「ADT7410」**は「I2C」（Inter-Integrated Circuit）と呼ばれる

第4章 「Arduino」と「センサ」をつなぐ

方式で接続する「デバイス」（部品）です。

「I2C」は2本の信号線を使って定められた手順で通信する仕様のことで、さまざまなセンサや液晶モジュールなどが、この仕様に対応しています。

「I2C」仕様のデバイスは、どれも、同じ方法で「Arduino」などのマイコンから操作できるのが特徴です。

*

「Arduino」で「I2C」デバイスを使うには、「Wire.h」という「ライブラリ」が必要です。これは、次のようにしてインクルードしてください。

```
#include <Wire.h>
```

> ※ なお、「Wire.h」は、「sakura.io」ライブラリと違って「Arduino IDE」に標準で付属しているため、インストール作業は必要なく、「#include <Wire.h>」と記述するだけで、このライブラリを利用できます。

■「I2C」の仕組み

「I2C」デバイスは、それぞれに「レジスタ」という場所が存在していて、そのレジスタに制御用のコードを書き込んだり、「レジスタ」から読み出したりすることで操作します。

「レジスタ」には、「アドレス」と呼ばれる番号が振られており、どのような番号が割り当てられるのかは、デバイスによって決まります（デバイスによっては、いくつかの選択肢のなかから選べるものもあります）。

秋月電子通商の「ADT7410モジュール」の場合、アドレスの標準は「0x48」です。

ここにアクセスすると、**「ADT7410」**を制御できます。

プログラムでは、次のように、このアドレスを定数「adt7410Addrress」という名前の定数として定義しました。

> **メモ** 「ADT7410モジュール」上のジャンパピンを設定すると、「0x48」以外に変更することもできます。

> ※「0x」は16進数表記。

```
const int adt7410Address = 0x48;
```

このアドレスに書き込むと、センサの動作を変えることができ、読み込むと現在の「ステータス」や「温度」などを取得できます。

> **メモ** 先に説明したように、「I2C」デバイスは汎用的なものです。
> ここでは「温度センサ」を扱っているので、このような動作になります。

56

[4.4]「I2C」を使った各種操作の基本

　たとえば、「I2C」対応の液晶モジュールの場合、特定のレジスタにデータを書き込むと、それが文字として表示されたり、表示される場所（カーソル位置）が変わったりする動作をします。

■「I2C」デバイスの初期化

　「I2C」デバイスを利用するには、初期化が必要です。
　初期化には、「Wire.begin」というメソッドを使います。
　この処理は、**リスト4-1** にも示したように、最初に1回だけ実行される「setup」関数に記述するといいでしょう。

```
wire.begin();
```

■「I2C」から値を読み込む

　「I2C」から値を読み込むには、(1) 読み込みたいレジスタを指定する、(2) 読み込み操作をするという手順で構成します。

　どこから何を読み込むと、どのような結果が得られるのかは、「I2C」デバイスの種類によって異なります。
　今回使っている「ADT7410」は、スペックシートを確認すると、「0x48」から「2バイト」読み込むと、温度が取得できる、と記述されています。

【「ADT7410」のスペックシート】

http://akizukidenshi.com/download/ds/analog/ADT7410a.pdf

　そこで次のようにして、「2バイト」ぶんのデータを読み込んでいます。

```
// 2バイト受信する命令を出す
Wire.requestFrom(adt7410Address, 2);

// 2バイトを順に読み込む
val = (Wire.read() << 8) | Wire.read();
```

　こうして読み込んだ値は、摂氏（℃）を加工したもので、摂氏を得るには、スペックシートに記載されている通りの計算をしなければなりません。
　ここでは、次のようなスペックシート通りの計算をすることで、摂氏に変換しています。

```
// 摂氏に変換する
if (val & 0x1000) {
    // 13ビット目が立っているときは負の温度
```

57

第**4**章　「Arduino」と「センサ」をつなぐ

```
  t = ((val >> 3) - 8192) / 16.0;
} else {
  t = (val >> 3) / 16.0;
}
```

　摂氏に変換できたなら、あとは「sakura.io モジュール」で、そのデータを送信するだけです。

　この方法は、**第3章**でスイッチの「オン/オフ」の状態を送信するのと同じで、「enqueueTx」メソッドを使ってキューに登録し、「send」メソッドで送信するという流れをとります。

```
// sakura.io に送信する
sakuraio.enqueueTx(0, t);
sakuraio.send();
```

　これで「sakura.io」にデータが送信されます。
　リスト4-1では、このあと、「10秒待ってから、繰り返す処理」としてあります。
　「10秒」というのは少し短い間隔ですので、実際に使うことを考えているのなら、「1分」や「3分」「5分」「10分」など、もう少し長い周期で送信したほうがいいでしょう。

```
// 10 秒待つ
delay(10000);
```

4.5　「WebSocket」にプログラムから接続して「データ」を取得する

　収集したデータを「sakura.io コントロールパネル」から確認しているだけでは、集めたデータを他の用途に利用できません。

　そこで「sakura.io」に接続して、送信されたデータを取り込むプログラムを作りましょう。

■「WebSocket」の基本

　「sakura.io」は、さまざまな連携サービスを提供していますが、その基本となるのが、これまで使ってきている「WebSocket 連携サービス」です。

　「WebSocket 連携サービス」は、Webにおいて、持続的なコネクションによる通信を実現する「WebSocket」という通信機能を使って、「sakura.io」と外部システムとの連携機能を提供します。

　「WebSocket 連携サービス」を構成すると、「**wss://**」で始まる URL が作られます。
　この URL は「WebSocket 連携サービス」の画面で確認できます（**図4-6**）。

[4.5]「WebSocket」にプログラムから接続して「データ」を取得する

データを送受信したいクライアントは、「WebSocket」を使って、このURLに接続します。するとデータの送受信ができるようになります（図4-7）。

> **メモ**　**「ws://」**は暗号化されていない「WebSocket」、**「wss://」**は暗号化されている「WebSocket」を示すURLスキーマです。

> **メモ**　「WebSocket連携サービス」のURLは、第三者に漏洩すると、誰もが、その「sakura.io」モジュールが送信したデータを受信したり、「sakura.io」モジュールに対してデータを送信できたりしてしまいますから、扱いには充分注意してください。
> 　URLを変更する機能はないので、もし、「WebSocket連携サービス」のURLが漏洩したときは、削除して、別の「WebSocket連携サービス」を作り直してください。

図4-6　「WebSocket連携サービス」のURLを確認する

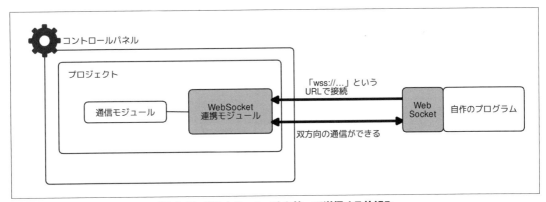

図4-7　「WebSocket」を使って送信する仕組み

第4章 「Arduino」と「センサ」をつなぐ

■「sakura.io」からデータを受信する例

「WebSocket」は、Web の標準技術であるため、さまざまなプログラミング言語が対応しており、さまざまな「WebSocket」通信用のライブラリがあります。

何を使ってもよいのですが、ここでは、「HTM5＋JavaScript」で実装し、Web ブラウザでそのファイルを開いたときに、「sakura.io」から取得したデータを刻々と表示するものとします。

プログラムは**リスト 4-2** の通りです。
ブラウザで開くと、**図 4-8** のように表示され、［読み取り開始］ボタンをクリックすることで「WebSocket」に接続し、データの受信が始まります。

なお、7 行目にある URL は、「WebSocket 連携サービス」の URL です。
実際に実行するときは、**図 4-6** で確認した値に修正してください。

```
// 接続先の URL
const url = "wss://api.sakura.io/ws/v1/XXXXXXXX-XXXX-XXXX-XXXX-
XXXXXXXXXX";
```

リスト 4-2 「HTML5＋JavaScript」環境で「WebSocket」を利用し、
「sakura.io」からデータを受信する例

```
<!DOCTYPE html>
<html lang="ja">
<head>
<meta charset="UTF-8">
<script>
// 接続先の URL
const url = "wss://api.sakura.io/ws/v1/XXXXXXXX-XXXX-XXXX-XXXX-
XXXXXXXXXX";

function readstart() {
  // メッセージ出力先
  var output = document.getElementById('msgarea');

  // WebSocket オブジェクトを作る
  var client = new WebSocket(url);

  client.onopen = function() {
    // 接続が開始されたとき
    output.innerHTML = output.innerHTML + " 接続開始 ¥n";
  };
```

60

[4.5]「WebSocket」にプログラムから接続して「データ」を取得する

```javascript
    client.onerror = function(error) {
      // エラーが発生したとき
        alert(error);
    };

    client.onmessage = function(e) {
      // メッセージが届いたとき
        var data = JSON.parse(e.data);
      if (data.type == 'channels') {
        // チャンネルデータが送信されてきた

        // 送信されてきたデータリスト
        var datalist = data.payload.channels;
        // すべてのチャンネルデータを処理
        for (var i = 0; i < datalist.length; i++) {
          if (datalist[i].channel == 0) {
            // 0番目のチャンネルであったとき
            // 送信された値
            var val = datalist[i].value;
            // 日時
            var date = new Date(datalist[i].datetime);
            var y = date.getFullYear();
            var m = date.getMonth() + 1;
            var d = date.getDate();
            var hour = date.getHours();
            var min = date.getMinutes();
            var sec = date.getSeconds();

            // 出力
            output.innerHTML = output.innerHTML +
              y + "年" + m + "月" + d + "日" +
              hour + "時" + min + "分" + sec + "秒" + ":" + val + "\n";
          }
        }
      }
    };
}
</script>
</head>
<body>
<h1>温度取得のサンプル</h1>
<textarea id="msgarea" cols="40" rows="10"></textarea><br>
<input type="button" onclick="readstart();" value="読み取り開始">
</body>
</html>
```

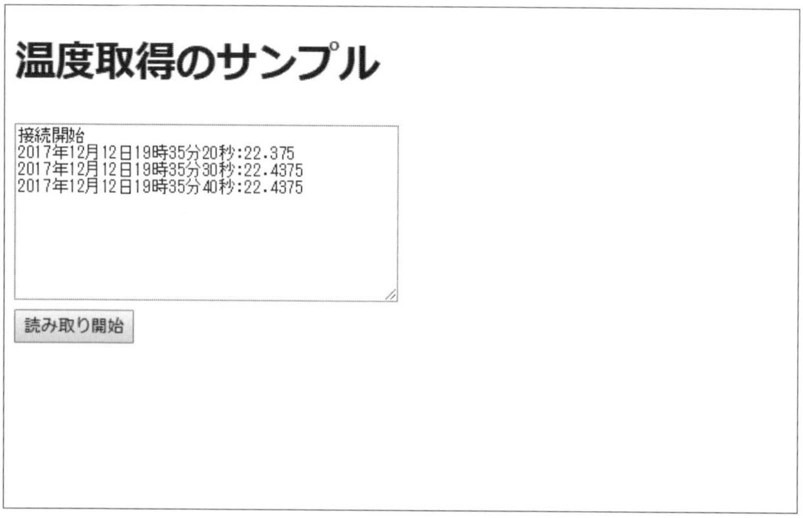

第4章 「Arduino」と「センサ」をつなぐ

温度取得のサンプル

```
接続開始
2017年12月12日19時35分20秒:22.375
2017年12月12日19時35分30秒:22.4375
2017年12月12日19時35分40秒:22.4375




```

読み取り開始

図4-8　リスト4-2の実行結果

コラム　セキュリティに注意

　「HTML5＋JavaScript」環境で実行する場合、ブラウザで［ソースコードを表示］の操作をすれば、「ソースコード」が閲覧できることに注意してください。
　「ソースコード」には、「WebSocket連携サービス」のURLが記載されています。つまり、このURLが漏洩します。
　そもそも、本章のサンプルでは、URLが漏洩しても、室温が分かるだけなのでセキュリティ上、重要な問題はないはずですが、たとえば、「sakura.io」で監視システムや外出先からの家電の操作などをしようとしているのであれば、充分に注意してください。

　もしURLが漏洩することを避けたいのなら、サーバサイドで「WebSocket連携サービス」を呼び出すように実装するしかありません。

■ JavaScriptを使った「WebSocket」プログラミングの基本

　JavaScriptを使った「WebSocket」プログラミングの基本的なコードは、次の構造になります。

> **メモ** ここで説明しているのは、クライアントサイドのJavaScriptの場合です。
> 　Node.js環境で実行するサーバサイドのJavaScriptは、少し構造が異なります。

[4.5]「WebSocket」にプログラムから接続して「データ」を取得する

```javascript
// ① webSocket オブジェクトを作る
var client = new WebSocket(url);

// ②接続が開始されたときの処理
client.onopen = function() {
    ...
};

// ③エラーが発生したときの処理
client.onerror = function(error) {
    ...
};

// ④データを受信したときの処理
client.onmessage = function(e) {
    ...
}
```

まずは①にあるように、引数に「WebSocket」の URL（「ws://」または「wss://」で始まる URL）を指定して、「WebSocket」オブジェクトを作ります。

そして、作ったオブジェクトのプロパティに、「イベントが発生したときに呼び出して欲しい関数」を設定します。
すると、そのイベントが発生したときに、関数が実行されるようになります。

■「sakura.io」から届くデータの書式

「WebSocket」からデータを受信した場合――「sakura.io モジュール」がデータを送信し、それが「WebSocket」から流れてきた場合――には、「onmessage」プロパティで指定しておいた関数が呼び出されます。
この関数で「sakura.io モジュール」から送信されたデータを取得できます。

「onmessage」関数の処理において、次のように「引数 e」でデータを取得した場合、「WebSocket」を流れてくるデータは、「e.data」として取得できます。

「sakura.io」の場合、このデータは「JSON 形式」であると規定されています。
そこで、「JSON 形式」をパースして、変換します。

※ Parse：構造解析

```javascript
client.onmessage = function(e) {
    // メッセージが届いたとき
    var data = JSON.parse(e.data);
    ...
}
```

63

第4章 「Arduino」と「センサ」をつなぐ

「sakura.io」のデータ書式は、「メッセージ仕様」としてまとめられています。

詳しくは、巻末を参照してください。

メッセージ仕様を読むと分かりますが、メッセージにはいくつかの形式があり、「type プロパティ」で区別されます（**表 4-2**）。

ここでは「sakura.io モジュール」から送信したデータを取得したいので、「channels 形式」の場合だけ、処理しています。

```
if (data.type == 'channels') {
    …受信処理…
}
```

表 4-2 「sakura.io」のメッセージの種類

メッセージの種類	type の値	主な用途
channels 形式	channels	「sakura.io」と「外部サービス」間で、「送受信データ」をやり取りするときのデータ構造
connection 形式	connection	「モジュールが起動したとき」や「通信の途絶」などが生じたことを伝えるデータ構造
location 形式	location	簡易位置情報提供機能を利用している場合、計測された位置を伝えるのに使われる
keepalive 形式	keepalive	「WebSocket」など、「一定時間通信がないと自動的に切断される通信網」において、切断されることを防ぐために定期的に「現在の時刻」だけを送信するメッセージ

■「channels メッセージ」の構造

「channels メッセージ」は、「sakura.io →外部サービス」と「外部サービス→ sakura.io」の場合で、少しデータ構造が違います。

この章の例の場合、「sakura.io →外部サービス」の向きのフォーマットで送信されてきます。

これは、「Arduino」で送信したデータを表現する「メッセージ構造」であり、**リスト 4-3** に示す構造です（**表 4-3**）。

[4.5] 「WebSocket」にプログラムから接続して「データ」を取得する

リスト 4-3　「sakura.io → 外部サービス」の場合の「channels 形式」の構造例

```
{
    "module": "uXXXXXXXXXXX",
    "type": "channels",
    "datetime": "2017-04-06T07:46:36.005341001Z",
    "payload": {
        "channels": [{
            "channel": 0,
            "type": "I",
            "value": 0,
            "datetime": "2017-04-06T07:39:29.703232943Z"
        }, {
            "channel": 1,
            ...
            ..
            .
        }]
    }
}
```

表 4-3　「sakura.io → 外部サービス」の場合の「channels 形式」の構造

フィールド名	型	意　味
module	String	データを送信した「モジュール」の「モジュール ID」
type	String	「データの形式」の種類。 「channels」という文字列
datetime	String	「モジュール」からこのメッセージが送られた「日時」。 ISO8601 形式
payload	Object	「モジュール」から送信された「メッセージデータ」
payload.channels	Array	データの配列。 最大 16 要素
payload.channels[].channel	Int	チャンネル番号
payload.channels[].type	String	データの型指定子
payload.channels[].value	Int or String	データの値
payload.channels[].datetime	String	データの日時

　表やリストから分かるように、「payload.channels」の中に「配列」として「実際のデータ」が格納されています。

　そこで、次のようにループ処理すれば、すべてのデータを取得できます。

```
var datalist = data.payload.channels;
for (var i = 0; i < datalist.length; i++) {
    …届いたデータの処理…
}
```

65

第4章 「Arduino」と「センサ」をつなぐ

① 「データ値」の取得
「データ値」は、「value」プロパティとして取得できます。

```
var val = datalist[i].value;
```

② 日時の取得
「日時」は、「datetime」プロパティとして取得できます。
これは「ISO8601 形式」です。

次のようにすると、「年月日時分秒」に分割できます。

```
var date = new Date(datalist[i].datetime);
var y = date.getFullYear();
var m = date.getMonth() + 1;
var d = date.getDate();
var hour = date.getHours();
var min = date.getMinutes();
var sec = date.getSeconds();
```

リスト 4-2 では、このようにして取得した値を、次のように「テキストボックス」に出力しています。

```
output.innerHTML = output.innerHTML +
    y + "年" + m + "月" + d + "日" +
    hour + "時" + min + "分" + sec + "秒" + ":" + val + "¥n";
```

● 応用のヒント

この章では、「I2C」の「温度センサ」を使って、「温度」を「sakura.io」に送信し、それを「HTML5＋JavaScript」のプログラムから読み出す方法を説明しました。

① 「I2C」のデバイスを操作する
「I2C」デバイスを操作するには「Wire ライブラリ」を使います。

```
#include <Wire.h>
```

② 「WebSocket」を使ってデータを受信する
「WebSocket 連携サービス」には、「wss://」で始まる URL が割り当てられ、その URL に「WebSocket」で接続すると、データを送受信できます。

＊

[4.5] 「WebSocket」にプログラムから接続して「データ」を取得する

　この章のサンプルでは、取得したデータをテキストとして表示するだけでしたが、JavaSriptのグラフ表示ライブラリなどを使えば、温度をグラフ表示するのも容易です。

＊

　次章では、こんどは反対向きの、「インターネット → sakura.io」に向けた通信方法を説明します。

コラム **さくらモジュール (LTE) のファームウェアをアップデートする**

　さくらモジュール（LTE）は、ファームウェアがアップデートされることがあります。ファームウェアは自動でアップデートされません。明示的にマイコンから操作して、アップデートする必要があります。

① Arduino の場合
　下記の Arduino スケッチをダウンロードして実行するとアップデートできます。

https://github.com/sakuraio/SakuraIOArduino/blob/master/examples/
FirmwareUpdate/FirmwareUpdate.ino

② Raspberry Pi の場合
　下記の Python プログラムをダウンロードして実行するとアップデートできます。

https://github.com/sakuraio/python-sakuraio/blob/master/examples/
hardware/operation/firmware_update.py

　下記のプログラムを次のようにして実行します。

```
$ python3 firmware_update.py

【firmware_update.py】
from sakuraio.hardware.rpi import SakuraIOGPIO
import time

sakuraio = SakuraIOGPIO()

print("current version is {0}".format(sakuraio.get_firmware_
version()))

sakuraio.unlock()

time.sleep(1)

try:
    sakuraio.update_firmware()
except:
    raise Exception()

print("updated version is {0}".format(sakuraio.get_firmware_
version()))
```

第5章

インターネットから「Arduino」を操作する

これまでは、「sakura.io」から送信したデータをインターネットで参照する方法を説明してきました。
この章では逆の方向となる、インターネットから「sakura.io」に向けてデータを送信する方法を説明します。

5.1 「フルカラー LED」をネット経由で操作

　この章では、「Arduino」に「フルカラー LED」を取り付け、インターネットから操作すると、LED の色が変わるという電子工作を作ります。

　インターネットから「sakura.io」にデータを送信するには、いくつかの方法がありますが、この章では、これまでも使ってきた「WebSocket」を使います。
　「WebSocket 連携機能」を構成して、その「WebSocket」にデータを送信すると、「sakura.io」にデータが送信されます。
　そのためのプログラムを「HTML + JavaScript」で作ります。

「フルカラー LED」の色をインターネットから変えれるようにするには、「赤（R）」「緑（G）」「青（B）」のそれぞれの輝度を、データとして送信する必要があります。

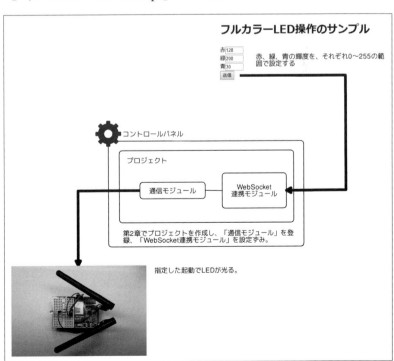

図 5-1　この章で作るもの

第5章 インターネットから「Arduino」を操作する

＊

　この章では、それぞれ、「sakura.io」の「チャンネル0」「チャンネル1」「チャンネル2」に、「0～255」までの範囲の輝度の値を送信するものとします（**図5-1**）。

■ 準備するもの

　この章でも、**第3章**や**第4章**でやってきたのと同様に、「Arduino UNO R3」と「シールド for Arduino」を使います。
　第3章で説明したのと同じ方法で、これらを組み立ててください。

　電子回路としては、「フルカラーLED」を用いたものを作ります。
　必要な部材は、**表5-1**の通りです。

＊

　「フルカラーLED」は、大きく「カソードコモン」と「アノードコモン」のタイプがあります。
　今回使うのは、GND（マイナス側）が共通（コモン）である、「カソードコモン」のものです。
　ここでは、秋月電子通商で入手した「OSTA5131A」を使いました。
　これは4本の足が出ており、「GND」「赤（R）」「緑（G）」「青（B）」に対応します（**図5-2**）。

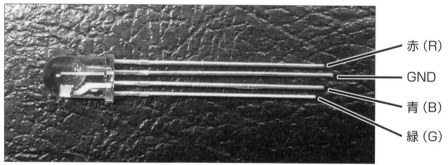

図5-2　「フルカラーLED」「OSTA5131A」

　「抵抗値」は、このLEDのデータシートに合わせて計算しています。

　「Arduino UNO R3」の出力は5Vです。
　「OSTA5131A」の場合、
・赤 ……………… 2.1V
・緑・青 ………… 3.1V
が標準電圧です。

[5.2]「フルカラー LED」を接続する

最大「50mA」まで流せますが、そもそも「Arduino UNO R3」から流せるのが 1 ピン当たり「20mA」まで（全部合計で「100mA」まで）なので、仮にその半分の「10mA」で抑えるとすると、それぞれの「抵抗値」は、次のように計算できます。

赤　　　$(5-2.1)[V] ÷ 0.010[A] ≒ 290[Ω] → 270[Ω]$

緑・青　$(5-3.1)[V] ÷ 0.010[A] ≒ 190[Ω] → 220[Ω]$

表 5-1　この章で必要なもの

部　材	説　明
さくらのモジュール (LTE)	「sakura.io」のモジュール
Arduino UNO R3	「Arduino」本体
シールド for Arduino	「Arduino」と「さくらのモジュール (LTE)」を接続するためのシールド
ブレッドボード	電子工作をするための「ブレッドボード」
ジャンパ・ケーブル	配線する「ジャンパ・ケーブル」
カソードコモン 「フルカラー LED」	秋月電子通商にて入手。OSTA5131A。 http://akizukidenshi.com/
抵抗器 270Ω× 1 本	赤の電流制限に利用
抵抗器 220Ω× 2 本	緑・青の電流制限に利用

5.2 「フルカラー LED」を接続する

第 3 章や第 4 章で作った「電子回路」を変更し、「フルカラー LED」を使った回路に作り替えます。

すでに説明したように、「フルカラー LED」には 4 本の端子があるので、これらを「Arduino」と接続します。

「Arduino」では表 5-2 に示すピンは「PWM」（Pulse Width Modulation）いう機能に対応しており、高速にオン・オフして、その時間を変えることで見せかけの電流を変える機能があります。

そこで今回、「フルカラー LED」の「赤」「緑」「青」は、それぞれ「抵抗器」を通じて、「9 番ピン」「10 番ピン」「11 番ピン」に接続しました（図 5-3、図 5-4）。

> **メモ**　「PWM」に対応するピンは、基板上をみると、「～9」のように、ピン番号の前に「～」と書かれているので判断できます（「シールド for Arduino」を載せてしまうと隠れて見えませんが）。

表 5-2 「Arduino UNO R3」の PWM に対応するピン

PWM に対応するピン	「3」「5」「6」「9」「10」「11」

第5章 インターネットから「Arduino」を操作する

図5-3 「フルカラーLED」と「Arduino」とを接続したところ

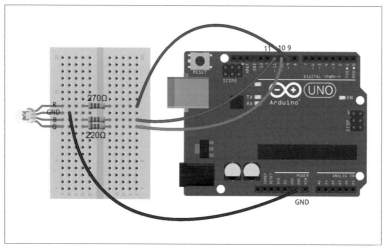

図5-4 配線図

5.3 「送信データ」の構造を決める

さて以下、

① データを受信して、それに応じて「フルカラーLED」の輝度を設定する「Arduino」側のプログラム（Arduinoスケッチ）
② 「sakura.io」に設定したい「フルカラーLED」の輝度データを送信するプログラム（HTML+JavaScript）

の2本を作っていきますが、当然、データ構造は①②で揃えなければなりません。

どのような構造でもいいですが、ここでは、「sakura.io」の「チャンネル0に赤の輝度」「チャンネル1に緑の輝度」「チャンネル3に青の輝度」を設定して送信するものとします（**図5-5**）。

[5.4] データを受信して「フルカラーLED」の輝度を設定する

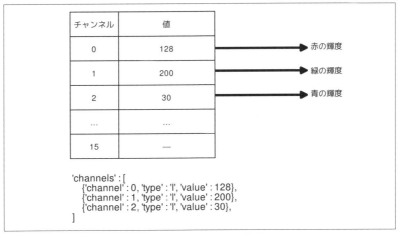

図 5-5　送信データの構造

5.4　データを受信して「フルカラーLED」の輝度を設定する

まずは、Arduino側の「スケッチ」から作っていきましょう。

「sakura.io」からデータを受信して、「フルカラーLED」を制御するプログラムは、**リスト5-1**のようになります。

「Arduino IDE」でこのプログラムを入力し、「Arduino UNO R3」に書き込んで実行してみてください。

ただし、送信側のプログラムをまだ作っていないので、何も変化はありません。

リスト 5-1　データを受信して「フルカラーLED」の輝度を設定する

```
#include <SakuraIO.h>

// I2C接続のオブジェクト
SakuraIO_I2C sakuraio;

void setup() {
  // 9番ピン、10番ピン、11番ピンを出力に設定
  pinMode(9, OUTPUT);
  pinMode(10, OUTPUT);
  pinMode(11, OUTPUT);

  // 「sakura.io」が接続完了するまで待つ
  while (!sakuraio.getConnectionStatus() & 0x80) {
    delay(1000);
  }
}

void loop() {
  uint8_t available, queued;
```

第5章 インターネットから「Arduino」を操作する

```
    // 「キュー」に溜まっているデータ数を確認する
    if (sakuraio.getRxQueueLength(&available, &queued) == CMD_ERROR_NONE &&
queued > 0) {
        // 「キュー」にデータがあるので取り出す
        for (int i = 0; i < queued; i++) {
            uint8_t channel, type, values[8];
            int64_t offset;
            uint8_t result;

            result = sakuraio.dequeueRx(&channel, &type, values, &offset);
            if (result == CMD_ERROR_NONE) {
                // 受信成功
                if ((channel >= 0) && (channel <= 2)) {
                    // LEDの輝度を設定
                    analogWrite(9 + channel, values[0]);
                }
            }
        }
    }
    delay(1000);
}
```

■ 各種初期化

では、プログラムの処理を説明していきます。

*

まずは、初期化処理となる「setup関数」からです。

「setup関数」では、「フルカラーLED」を接続している「9番、10番、11番」を出力に設定しています。

```
pinMode(9, OUTPUT);
pinMode(10, OUTPUT);
pinMode(11, OUTPUT);
```

そして、「sakura.io」と接続されるまで待ちます。
これは**第3章**や**第4章**で作ったプログラムと、まったく同じです。

```
while (!sakuraio.getConnectionStatus() & 0x80) {
    delay(1000);
}
```

74

[5.4] データを受信して「フルカラー LED」の輝度を設定する

■「sakura.io」からデータを受信する

　「loop」関数の中では、「sakura.io」に届いたデータを取得していきます。
　この処理は、①「キュー」に溜まっているデータ数の確認、②データの受信——という 2 手順で構成します。

---

①「キュー」に溜まっているデータ数の確認

　まずは、「キュー」に溜まっているデータ数を確認します。
　それには、「getRxQueueLength」メソッドを使います。

　「getRxQueueLength」をはじめとする、「sakura.io」に対して何かコマンドを送信するメソッドは、**表 5-3** に示す戻り値を返します。

　「CMD_ERROR_NONE」であれば、受信数の取得に成功しています。

```
uint8_t available, queued;
if (sakuraio.getRxQueueLength(&available, &queued) == CMD_ERROR_NONE &&
queued > 0) {
    // 受信「キュー」にデータがある
}
```

　実行の結果、「第 1 引数」には「キューにさらに入力可能な残り数」、「第 2 引数」には「キューに格納されているデータ数」が格納されます。

　「キュー」に格納されているデータ数は、「第 2 引数」の値です。

　そこで、次のようにして、すべての溜まっているデータを取得します。

```
for (int i = 0; i < queued; i++) {
    // データの受信処理
}
```

表 5-3　「sakura.io」に対してコマンドを送信したときの戻り値として取り得る値

戻り値の定数	値	説　明
—	0	予約
CMD_ERROR_NONE	1	正常終了
CMD_ERROR_PARITY	2	パリティ値の異常
CMD_ERROR_MISSING	3	要求種別が未定義
CMD_ERROR_INVALID_SYNTAX	4	引数の異常などシンタックスエラー
CMD_ERROR_RUNTIME	5	要求を実行したが結果としてエラーになった

75

CMD_ERROR_LOCKED	6	アンロックコマンドによるロック解除がされていない状態でロック解除が必要なコマンドが実行された
CMD_ERROR_BUSY	7	ビジー状態であり、要求を受け付けられない

②データの受信

実際にデータを受信するには、「dequeueRx」メソッドを使います。

「dequeueRx」メソッドも**表5-3**に示したのと同じ戻り値を返すので、次のように「CMD_ERROR_NONE」と比較することで、データを受信したかを確認します。

```
uint8_t channel, type, values[8];
int64_t offset;
uint8_t result;

result = sakuraio.dequeueRx(&channel, &type, values, &offset);
if (result == CMD_ERROR_NONE) {
    // 受信成功
}
```

「dequeueRx」メソッドの呼び出しが成功すると、先頭の引数から順に、「チャンネル番号」「コマンドタイプ」「8バイトの配列としての値」「データ送信コマンドが発生してからこのメソッドを呼び出すまでに経過した時間（ミリ秒）」が設定されます。

このプログラムでは、チャンネルが「0～2」の場合、「0～255」の範囲の輝度がデータとして設定されることを前提して、「赤・緑・青」の各色のLEDをその輝度に設定します。

そのためには、Androidの「analogWrite」関数を使って、次のようにします。

「analogWrite」関数は、「第1引数」に「ピン番号」を指定し、「第2引数」に「0～255」の範囲の値を設定すると、その値が「PWM」変調によって、（デジタル信号なのだけれどもアナログ信号のように、あたかも強弱があるように）出力するものです。

この結果、LEDが指定した明るさで光ります。

```
if ((channel >= 0) && (channel <= 2)) {
    // LED の輝度を設定
    analogWrite(9 + channel, values[0]);
}
```

[5.5] 「WebSocket」からデータを送信する

| 5.5 | 「WebSocket」からデータを送信する |

　「Arduino」側のプログラムができたら、次に、「WebSocket」に送信するプログラムを作ります。
　そのプログラムは、**リスト 5-2** のようになります。

＊

　このプログラムは「HTML+JavaScript」で構成されているので、ブラウザで開いてください。

　すると**図 5-6** のように「赤」「緑」「青」の輝度を入力するテキストボックスが表示されます。

　ここに 0 ～ 255 の範囲の値を入力して［送信］ボタンをクリックすると、そのデータが「sakura.io」に送信されます。

　すると「Arduino」に接続した LED の色が、それに応じて変わるはずです。

リスト 5-2　「WebSocket」にデータを送信するプログラムの例

```
<!DOCTYPE html>
<html lang="ja">
<head>
<meta charset="UTF-8">
<script>
// 接続先の URL
const url = "wss://api.sakura.io/ws/v1/XXXXXXXX-XXXX-XXXX-XXXX-
XXXXXXXXXX";

 // 「WebSocket」オブジェクトを作る
var client = new WebSocket(url);
client.onopen = function() {
    // 接続が開始されたとき
}
client.onerror = function(error) {
    // エラーが発生したとき
    alert(error);
};

client.onmessage = function(e) {
    // メッセージが届いたとき
    var data = JSON.parse(e.data);
    if (data.type == 'error') {
        alert(data.payload.error + ":" + data.payload.detail);
    }
};
```

第5章 インターネットから「Arduino」を操作する

```
function senddata() {
    // RGB の値の取得
    var r = parseInt(document.getElementById('red').value);
    var g = parseInt(document.getElementById('green').value);
    var b = parseInt(document.getElementById('blue').value);

    // データを送信する
    data = {
        'type' : 'channels',
        'module' : 'uxxxxxxxxxxx',
        'payload': {
            'channels' : [
                {'channel' : 0, 'type' : 'I', 'value' : r},
                {'channel' : 1, 'type' : 'I', 'value' : g},
                {'channel' : 2, 'type' : 'I', 'value' : b},
            ]
        }
    };
    client.send(JSON.stringify(data));
}
</script>
</head>
<body>
<h1>「フルカラー LED」操作のサンプル </h1>
<label for ="red"> 赤 </label><input type="text" size="3" id="red"
value="0"><br>
<label for ="green"> 緑 </label><input type="text" size="3" id="green"
value="0"><br>
<label for ="blue"> 青 </label><input type="text" size="3" id="blue"
value="0"><br>
<input type="button" onclick="senddata();" value=" 送信 ">
</body>
</html>
```

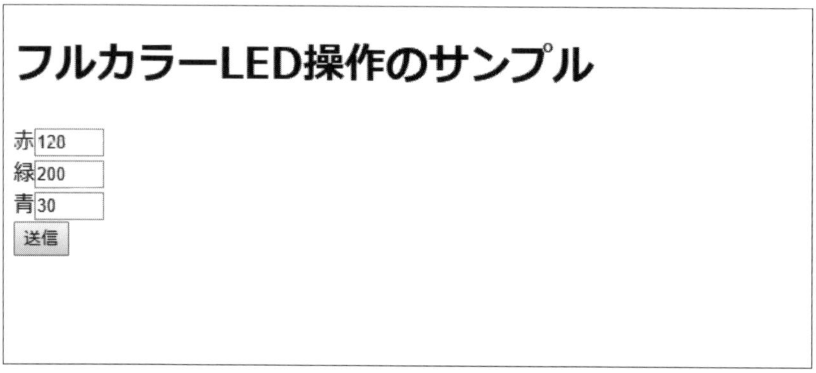

図 5-6　リスト 5-2 の実行結果

（値を設定して［送信］をクリックすると「sakura.io」に送信され、LED の色が変わる）

[5.5]「WebSocket」からデータを送信する

■「WebSocket」にデータを送信する

「WebSocket」にデータを送信する場合、コネクションを張ったり、接続が開始されたり、エラーが発生したり、データが届いたりしたときの処理は、**第4章**で説明した受信の処理と、まったく同じです。

リスト 5-2 では、次のようにして、「WebSocket」オブジェクトを「client」という名前の変数に設定しています。

```
// 「WebSocket」オブジェクトを作る
var client = new WebSocket(url);
client.onopen = function() {
    // 接続が開始されたとき
}
client.onerror = function(error) {
    // エラーが発生したとき
    alert(error);
};

client.onmessage = function(e) {
    // メッセージが届いたとき
    var data = JSON.parse(e.data);
    if (data.type == 'error') {
        alert(data.payload.error + ":" + data.payload.detail);
    }
};
```

1点だけ**第4章**の処理と違うところがあります。
それは、メッセージを受信したときの「onmessage」メソッドを処理する関数です。

＊

SDK に明示的な記載はないのですが、「WebSocket」にデータを送信して、「シンタックス・エラー」やその他の理由で受け入れられなかったときに、次の形式のデータが返されます。

このままメッセージを無視すると、エラーが生じたことが分からないので、表示するようにしました。

```
{
  "type": "error":,
  "datetime": "日付",
  "payload" : {
    "error" : "エラーメッセージ",
    "detail" : "詳細メッセージ"
  }
}
```

79

第5章 インターネットから「Arduino」を操作する

■ データの送信と「sakura.io」に送信するデータの構造

「WebSocket」にデータを送信するには、「send」メソッドを使います。

```
client.send( 送信したいデータ );
```

> **メモ** 「WebSocket」を作成してから、実際に送信可能になるまで、少しタイムラグがあります。
>
> そのため、「WebSocket」の作成直後に「send」メソッドを実行すると失敗することがあります。
>
> **リスト 5-2** では、①ページが読み込まれたときに「WebSocket」を作成、②［送信］ボタンをクリックしたときに「send」メソッドで送信、という処理であり、①と②の間には、充分な時間があるので、問題となりません。
>
> しかし、そうでないときは、たとえば、「setTimer 関数」などを用いて、「少し待ってから送信する」という処理にしないと、送信に失敗します。

「sakura.io」に送信するデータは、仕様に記載されているように、**リスト 5-3** に示す「JSON形式」の書式をとります（**表 5-4**）。

受信のときの「channels 形式」とほぼ同じですが、送受信日時を示す「datetime」プロパティがありません。

【sakura.io のメッセージ仕様】

```
https://sakura.io/docs/pages/platform-specification/message.html
```

リスト 5-3 外部サービス → 「sakura.io」の channels 形式の構造例

```
{
    "type": "channels",
    "module": "uXXXXXXXXXXX",
    "payload": {
        "channels": [{
            "channel": 0,
            "type": "i",
            "value": 0
        }, {
            "channel": 0,
            ...
            ..
            .
        }]
    }
}
```

80

[5.5]「WebSocket」からデータを送信する

表 5-4　外部サービス →「sakura.io」の場合の channels 形式の構造

フィールド名	型	意　味
module	String	データの送信先となるモジュールのモジュール ID
type	String	データの形式の種類。 「channels」という文字列
payload	Object	送信したいメッセージデータ
payload.channels	Array	データの配列。 最大 16 要素
payload.channels[].channel	Int	チャンネル番号
payload.channels[].type	String	データの型指定子
payload.channels[].value	Int or String	データの値

リスト 5-2 では次のようにして、送信すべきデータを作成して、送信しています。

なお「'module'」に指定している「'uxxxxxxxxxx'」は、モジュール ID です。送信したいモジュールのモジュール ID に修正してください。モジュール ID は、コントロールパネルで確認できます。

```
// RGB の値の取得
var r = parseInt(document.getElementById('red').value);
var g = parseInt(document.getElementById('green').value);
var b = parseInt(document.getElementById('blue').value);

// データを送信する
data = {
    'type' : 'channels',
    'module' : 'uXXXXXXXXXXX',
    'payload': {
        'channels' : [
            {'channel' : 0, 'type' : 'I', 'value' : r},
            {'channel' : 1, 'type' : 'I', 'value' : g},
            {'channel' : 2, 'type' : 'I', 'value' : b},
        ]
    }
};
client.send(JSON.stringify(data));
```

コラム　すべてのモジュールに送信したいとき

リスト 5-2 の処理から分かりますが、データを送信するときは、送信先の「モジュール ID」が必要です。

モジュールは、後から変更する可能性もあるので、プログラムのなかに固定した値を入れたくないこともあります。

第5章 インターネットから「Arduino」を操作する

　また、1つのモジュールに送信するのではなくて、プロジェクトに属しているすべてのモジュールに送信したいこともあります。
　そのようなときには、「sakura.io」で提供されている「管理 API」を使うと、プロジェクトに結び付けられている「モジュール ID 一覧」を取得できます。

【管理 API】
```
https://api.sakura.io/v1/docs/
```

　管理 API を利用するには、「API キー」が必要です。
　まずは、次の手順で「API キー」を発行します。

手順　「API キー」を発行する

[1]　「API キー」のページを開く
　「sakura.io」コントロールパネルの右上で［API キー］を選択して、「API キー」のページを開きます（**図 5-8**）。

図 5-8　「API キー」のページを開く

[2]　「API キー」を追加する
　［API キー追加］ボタンをクリックして、「API キー」を追加します（**図 5-9**）。

図 5-9　「API キー」を追加する

[5.5]「WebSocket」からデータを送信する

[3] キーの「名称」と「権限」を設定する

キーの「名称」と「権限」を設定します。

「名称」は任意でかまいません。

「権限」は、モジュール一覧を取得するだけなら［読み取り権限］があれば充分です（図5-10）。

図 5-10　キー名称と権限を設定する

[4]　作られたトークンなどを確認する

キーが作成されます（図5-11）。

［編集］ボタンをクリックすると、「Token」と「Secret」の2つの値が表示されます（図5-12）。

これが、それぞれ認証のときに使う「ユーザー名」と「パスワード」に相当するので、控えてください（この値は、第三者に公開すべきではありません）。

図 5-11　作成されたキー

図 5-12　「Token」と「Secret」を確認する

83

第5章 インターネットから「Arduino」を操作する

これらの値を確認したら、次のURLにアクセスしてみましょう。

【モジュール一覧を取得するAPI】

https://api.sakura.io/v1/modules/

「ユーザー名」と「パスワード」として、図5-12で確認した値を入力すると、図5-13のように、「JSON形式」で「モジュール名」の一覧が表示されるはずです。

ここではブラウザでアクセスしましたが、プログラムからこのURLにアクセスして取得するようにすれば、「モジュール名の一覧」を取り出せます。

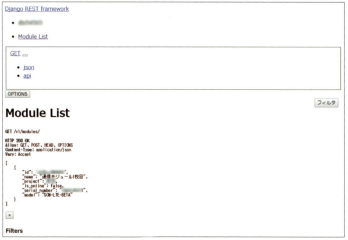

図5-13 「モジュール名一覧を取得したところ」

● 応用のヒント

この章では、「フルカラーLEDの色」をインターネットから操作できるようにしてみました。

紹介した電子工作やプログラムは、とても単純なものですが、「フルカラーLED」の部分を「モーター」にすれば、モーターが回るようになりますし、「赤外線リモコン」を取り付ければ、インターネットから家電の操作ができるようにもなります。

また、「液晶モジュール」を接続して、何か信号が届いたときにメッセージを表示するようにもできるはずです。

＊

さて、ここで「Arduino」を使った電子工作はおしまいです。
次章からは、「Raspberry Pi」で「sakura.io」を使う方法を説明していきます。

第6章
「Raspberry Pi」で「sakura.io」を使う

> 「Raspberry Pi」は小さな「Linuxコンピュータ」です。
> 「Arduino」に比べて、ずっと高度なことができます。
> この章ではまず、「Raspberry Pi」で「sakura.io」を使う基本を説明します。

6.1 「Raspberry Pi」に「押しボタン・スイッチ」と「フルカラーLED」を取り付け

　この章では、「Raspberry Pi」を使う手始めに、「Arduino」で行なったのと同じことを、「Raspberry Pi」でも試してみます。

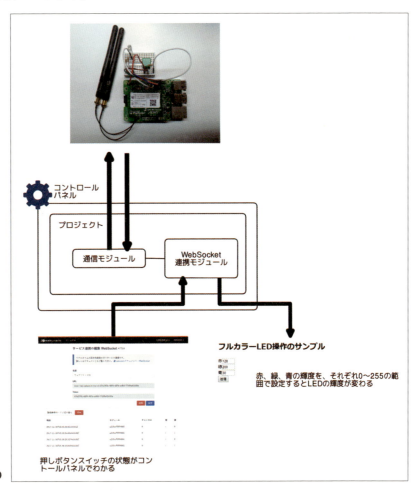

図 6-1　この章で作るもの

第6章 「Raspberry Pi」で「sakura.io」を使う

具体的には、「Raspberry Pi」に「押しボタン・スイッチ」と「フルカラーLED」を取り付け、
①「押しボタン・スイッチ」を押したときに「コントロールパネル」に「オン/オフ」の状態
が表示されるようにする
②第5章で作ったプログラムから操作すると「フルカラーLED」が指定した輝度で光る
という2つの仕組みを作ります（図6-1）。

■ 準備するもの

「Raspberry Pi」と「sakura.io」を接続するには、①「ブレークアウトボード」を使う方法
と、②「HAT for Raspberry Pi」を使う方法があります。
　どちらでもいいのですが、本書では、工作が簡単な、②の方法を使います。
（①の方法でも同等のことができますが、電圧レベルの変換を考慮する必要があります）。
　　　　　　　　　　　　　　　　　＊
「押しボタン・スイッチ」や「プルダウン用の抵抗器」、そして、「フルカラーLED」と「電
流制御用の抵抗器」（3本）、そして、「ブレッドボード」や配線をするための「ジャンパ・コー
ド」などを用意してください（図6-2、表6-1）。

　「押しボタン・スイッチ」や「フルカラーLED」「抵抗器」などの部材は、これまで「Arduino」
で実験してきたものとまったく同じです。

> ※ 本書では、「Raspberry Pi 3」を使いますが、他の「Raspberry Pi」でもかまいません。
> また、「Raspberry Pi Zero」シリーズでも利用できます。

図6-2　この章で作る回路。
「Raspberry Pi」に「さくらのモジュール (LTE)」をハメた「HAT for Raspberry Pi」を載せる。
そして「ブレッドボード」で作った回路を配線する

[6.2]「さくらのモジュール（LTE）」と「HAT for Raspberry Pi」を組み立てる

表 6-1　この章で必要なもの

部　材	説　明
さくらのモジュール（LTE）	「sakura.io」のモジュール
Raspberry Pi	「Raspberry Pi」本体。本書では Raspberry Pi 3 を用いる
HAT for Raspberry Pi	「Raspberry Pi」と「さくらのモジュール（LTE）」を接続するための HAT
ブレッドボード	電子工作をするための「ブレッドボード」
ジャンパケーブル	配線する「ジャンパ・ケーブル」
押しボタン・スイッチ	適当なプッシュ型のスイッチ
10kΩ抵抗器 × 1 本	プルダウン用の抵抗
カソードコモン フルカラー LED	秋月電子通商にて入手。OSTA5131A。http://akizukidenshi.com/
抵抗器 270Ω × 1 本	赤の電流制限に利用
抵抗器 220Ω × 2 本	緑・青の電流制限に利用

6.2 「さくらのモジュール（LTE）」と「HAT for Raspberry Pi」を組み立てる

ではさっそく始めましょう。
まずは、「HAT for Raspberry Pi」を組み立てて、「Raspberry Pi」に装着します。

■「HAT for Raspberry Pi」を組み立てる

「HAT for Raspberry Pi」に「さくらのモジュール（LTE）」を取り付けたり、「アンテナ」を接続したりして組み立てていきます。
手順は「シールド for Arduino」の場合と、ほぼ同じです。

手順　「HAT for Raspberry Pi」を組み立てる

[1]　さくらのモジュール（LTE）の裏側に「アンテナ」を接続する
「さくらのモジュール（LTE）」の裏側に、「モジュール」に同梱されている「アンテナ」の配線を接続します。
この手順は、「Arduino」の場合と、まったく同じです（図 6-3）。
「アンテナ」は 2 本あります。
少し固めですが、上からしっかりと"カチッ"とハマるまで押し込んでください。

「アンテナ」の取り付けは必須です。
電波状況が良いところでも、必ず取り付けてください。
取り付けないと、まったく通信できません。

87

第6章 「Raspberry Pi」で「sakura.io」を使う

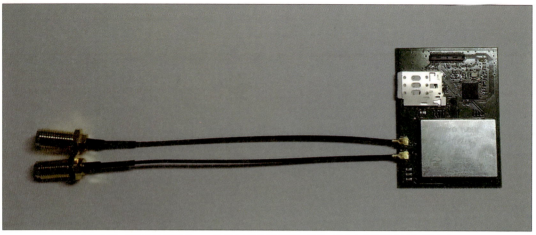

図 6-3 「さくらのモジュール (LTE)」の裏側に「アンテナ」の配線を取り付ける

[2] 「HAT for Raspberry Pi」に接続する

「HAT for Raspberry Pi」のコネクタに、[1]であらかじめ「アンテナ」を取り付けておいた「さくらのモジュール (LTE)」を接続します。

上から"パチン"とハマります (図 6-4、図 6-5)。

※ このコネクタは何度も抜き差しすることを考えられておらず、挿抜保証回数は 30 回です。
一度、取り付けたら、不用意に抜き差ししないでください。

図 6-4 「HAT for Raspberry Pi」。
この中央の空いている部分に「さくらのモジュール (LTE)」をハメ込む

[6.2]「さくらのモジュール(LTE)」と「HAT for Raspberry Pi」を組み立てる

図6-5 「さくらのモジュール(LTE)」をハメ込んだところ

[3]「ディップ・スイッチ」を確認する

「HAT for Raspberry Pi」の基板上には、2つの「ディップ・スイッチ」があります。

工場出荷時のままでいいはずですが、念のため、設定に間違いがないか、確認しておきます（図6-6）。

図6-6 2つの「ディップ・スイッチ」

「HAT for Raspberry Pi」は、次のいずれかの通信方式を利用でき、どれを有効にするのかを「ディップ・スイッチ」で設定します。

89

第6章 「Raspberry Pi」で「sakura.io」を使う

また、

WAKE_IN	「スリープ・モード」にするかを制御する。
WAKE_OUT	キューにデータが届いたことを伝える。
RESET	「Low」にすると「さくらのモジュール (LTE)」にリセットがかかる。

の信号を使うかどうかも設定します。

①I2C
②SPI
③UART（シリアル）

デフォルトでは、「I2C」と「SPI」が有効になっています。

それぞれの「DIP スイッチ」の意味は、**表 6-2**、**表 6-3** の通りです。

表 6-2　SW1「SPI／RESET」選択スイッチ

ピン番号	機　能	対応する GPIO	デフォルト
1	リセット信号	GPIO22	オン
2	SPI の CS0	GPIO7	オン
3	SPI の CS1	GPIO8	オフ
4	SPI の MOSI	GPIO10	オフ
5	SPI の MISO	GPIO9	オフ
6	SPI の SCK	GPIO11	オフ

表 6-3　SW2「UART／I2C／WAKE」ピン選択スイッチ

ピン番号	機　能	対応する GPIO	デフォルト
1	I2C の SDA 信号	GPIO2	オン
2	I2C の SCL 信号	GPIO3	オン
3	UART の Rx 信号	GPIO14	オフ
4	UART の Tx 信号	GPIO15	オフ
5	WAKE_IN 信号	GPIO17	オフ
6	WAKE_OUT 信号	GPIO27	オフ

利用する「GPIO」が分かりにくいので、「I2C」や「SPI」「UART」を使うときの「Raspberry Pi」の「GPIO」との対応を**図 6-7** にまとめました。

それぞれの機能を有効にしたときには、これらが「さくらのモジュール (LTE)」に接続されるので、その「GPIO ピン」に「LED」や「スイッチ」を付けるなどして利用できなくなるので注意してください。

> **メモ** ただし、「I2C」や「SPI」は、複数デバイスを対象としたシリアル通信プロトコルなので、これらには、それぞれ別の「I2C」や「SPI」のデバイスを並列接続できます。

[6.2] 「さくらのモジュール（LTE）」と「HAT for Raspberry Pi」を組み立てる

用途	sakura.ioでの利用	ピン番号	ピン番号	sakura.ioでの利用	用途
3.3V		1	2		5V
GPIO2	I2C (SDA)	3	4		5V
GPIO3	I2C (SCL)	5	6		GND
GPIO4		7	8	UART (Rx)	GPIO14
GND		9	10	UART (Tx)	GPIO15
GPIO17	WAKE_IN	11	12		GPIO18
GPIO27	WAKE_OUT	13	14		GND
GPIO22	リセット	15	16		GPIO23
3.3V		17	18		GPIO24
GPIO10	SPI (MOSI)	19	20		GND
GPIO9	SPI (MISO)	21	22		GPIO25
GPIO11	SPI (CSK)	23	24	SPI (CS1)	GPIO8
GND		25	26	SPI (CS0)	GPIO7
ID_SD		27	28		ID_SD
GPIO5		29	30		GND
GPIO6		31	32		GPIO12
GPIO13		33	34		GND
GPIO19		35	36		GPIO16
GPIO26		37	38		GPIO20
GND		39	40		GPIO21

図 6-7 「Raspberry Pi」のGPIOピンと「さくらのモジュール（LTE）」との対応

コラム 「Raspberry Pi」におけるピン番号の指定方法

あとでプログラミングをするときにも触れますが、「Raspberry Pi」のプログラミングでピン番号を指定する場合、(a)「GPIOの番号を指定する方法」と、(b)「ピンの番号を指定する方法」があります。

(a) を「GPIO.BCM」、(b) を「GPIO.BOARD」と言います。

本書では、(a) のGPIOで番号を指定します。

---

[4] 「外部アンテナ」を取り付ける

「アンテナ線」の先に、「さくらのモジュール（LTE）」に同梱されている外部「アンテナ」を取り付けます。

ネジが切られているので、回して奥まで入れてください。

「シールド for Arduino」と違って、基板の角に固定することはできません（図6-8）。

図6-8 「アンテナ」を取り付ける

第6章 「Raspberry Pi」で「sakura.io」を使う

■「Raspberry Pi」への接続と動作確認

「HAT for Raspberry Pi」が出来たら、「Raspberry Pi」に装着します。

コネクタの場所が合うように、上から差し込んでください。

製品には、「スペーサ」と「ネジ」が付いているので、固定してください（図 6-9、図 6-10）。

*

以上で、「Raspberry Pi」への接続は完了です。

「Raspberry Pi」の電源を入れて、しばらく待って、「sakura.io」のコントロールパネルから状態を確認し、モジュールが「オンライン」になることを確認してください。

図 6-9　ピンが合うように「Raspberry Pi」に装着する

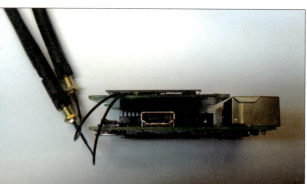

図 6-10　装着後、横から見たところ

6.3　実験用の電子工作を接続する

次に、実験用の電子工作を作って接続します。

「押しボタン・スイッチ」と「フルカラー LED」を使った回路を図 6-11、図 6-12 のように組み、「Raspberry Pi」に接続します。

「Raspberry Pi」に接続するときには、電源を切った状態で作業してください。

図 6-12 の回路では、「押しボタン・スイッチ」と「フルカラー LED」を、次の「GPIO」に接続しています。

【押しボタン・スイッチ】
・GPIO12（32 番ピン）

【フルカラー LED】
・赤) GPIO5（29 番ピン）
・緑) GPIO6（31 番ピン）
・青) GPIO13（33 番ピン）

図 6-11　作った「押しボタン・スイッチ」と「フルカラー LED」の回路

[6.5] 「押しボタン・スイッチ」の「オン／オフ」の状態を送信するプログラムを作る

> **メモ** Raspberry Pi はデフォルトで I2C が無効になっています。利用するには、「sudo raspi-config」を実行し、[Interface Options] ― [I2C] を選択して有効化する必要があります。

■ 接続完了まで待つ

「sakura.io」を使って送受信するには、接続完了するまで待つ必要があります。
それには、「get_connection_status」メソッドを使います。
これは「Arduino」で実装したときに使った「getConnectionStatus」メソッドと同じです。
「Python library for Sakuraio」のドキュメントを見ると分かりますが、「Arduino」で使っている関数とほぼ同じ実装であり、大文字の部分が「_ 小文字」に変わったメソッド名で実装されています。

戻り値も同じです。
「第 8 ビット目」（0x80）が立てば接続中であるので、その状態になるまで待ちます。
「time.sleep」は、指定した秒数だけ待つ、Python の関数です。

【Python library for Sakuraio のドキュメント】

http://python-sakuraio.readthedocs.io/en/latest/

```python
while (sakuraio.get_connection_status() and 0x80) == 0 :
    time.sleep(1)
```

■ スイッチの状態が変わったかどうかを調べて、データを送信する

そしてスイッチの状態が変わったかどうかを調べて、「sakura.io」からデータを送信します。

プログラムの冒頭では、次のようにボタンの状態を保持する変数を宣言しています。

```python
# ボタンの状態を保持する変数
btnStatus = 0
```

このようにしておいて、「押しボタン・スイッチ」が接続されている「GPIO12」の状態を取得します。
「GPIO」の状態を取得するには、「input」メソッドを使います。

```python
nowBtnStatus = GPIO.input(12)
```

そして前回の状態と比べて変化があるときに、「sakura.io」でボタンの状態を送信します。

97

第**6**章　「Raspberry Pi」で「sakura.io」を使う

　送信には、「enqueue_tx_raw」メソッドを使ってキューに設定し、「send」メソッドで実際に送信します。

　前者は「Arduino」の場合の「enqueueTx」メソッドに、後者は、「send」メソッドにそれぞれ相当します。

```
if btnStatus != nowBtnStatus :
    # 変化しているので「sakura.io」で、その状態を送信する
    # 0チャンネルで送信する
    sakuraio.enqueue_tx_raw(0, 'i', [nowBtnStatus])
    sakuraio.send()
```

　「enqueue_tx_raw」メソッドの「第1引数」は「チャンネル」、「第2引数」は「データ型指定子」です（**表6-4**）。

　ここでは「i」を指定して、「符号あり32ビット整数」としました。

　「第3引数」が、実際に送信するデータです。

　値は「リスト型」で指定します。

表6-4　型指定子

型指定子	説　明	C言語における型
i	符号あり 32bit 整数	int32_t
I	符号なし 32bit 整数	uint32_t
l	符号あり 64bit 整数	int64_t
L	符号なし 64bit 整数	uint64_t
f	32bit 浮動小数点数	float
d	64bit 浮動小数点数	double
b	8バイトの配列	byte[8]

6.6 受信した輝度通りに「フルカラーLED」を光らせるプログラムを作る

　次に、「インターネット → sakura.io」の方向の通信をしてみましょう。

　そのためのサンプルとして、**第5章**で実装した、「フルカラーLED」を光らせるプログラムの「Raspberry Pi」版を作ります。

　そのプログラムは、**リスト6-2**のようになります。

＊

　たとえば、このプログラムを「led.py」という名前で入力した場合、次のようにして実行します。

```
$ python3 led.py
```

[6.6] 受信した輝度通りに「フルカラー LED」を光らせるプログラムを作る

実行したら、インターネットから LED を操作してみます。

そのプログラムは、「5-5　WebSocket からデータを送信する」で作ったものとまった
く同じなので、そこから操作してください。

すると、入力した値に応じて、LED の色が変わるはずです。

リスト 6-2　データを受信して「フルカラー LED」の輝度を設定する (led.py)

```python
import RPi.GPIO as GPIO
import time

# 利用するGPIO（赤、緑、青に対応）
GPIOPINS = [5, 6, 13]

# BCMモードにする
GPIO.setmode(GPIO.BCM)

# GPIO5、GPIO6、GPIO13を出力に設定
GPIO.setup(GPIOPINS, GPIO.OUT)

# PWMオブジェクトを作成
pwm = []
for i in range(3):
    p = GPIO.PWM(GPIOPINS[i], 1000)
    p.start(0)
    pwm.append(p)

# 「sakura.io」を操作するオブジェクトを生成する
from sakuraio.hardware.rpi import SakuraIOGPIO
sakuraio = SakuraIOGPIO()

try:
    # 接続完了するまで待つ
    while (sakuraio.get_connection_status() and 0x80) == 0 :
        time.sleep(1)

    print("ConnectionOK")

    while True:
        # キューに溜まっているデータ数を確認する
        result = sakuraio.get_rx_queue_length()
        # キューにデータがあれば取り出す
        for i in range(result.get('queued')):
            data = sakuraio.dequeue_rx_raw()
            channel = data.get('channel')
            if channel >= 0 and channel <= 2 :
                pwm[channel].ChangeDutyCycle(100 * data.get('data')[0]/255)
```

第6章 「Raspberry Pi」で「sakura.io」を使う

```
        # しばらく待つ
        time.sleep(1)

finally:
    # PWM を停止
    for i in range(3):
        pwm[i].stop()

    # GPIO を閉じる
    GPIO.cleanup()
```

■「PWM」で出力する

「Raspberry Pi」で「PWM 変調」を使って LED の輝度などを調整するには、「PWM オブジェクト」を使います。

[1] リスト 6-2 ではまず、「出力」に使う「GPIO」を、次のように定義。

```
# 利用する GPIO（赤、緑、青に対応）
GPIOPINS = [5, 6, 13]
```

[2] そして、「BCM モード」にし、それらのピンを出力（GPIO.OUT）に設定。

```
# BCM モードにする
GPIO.setmode(GPIO.BCM)

# GPIO5、GPIO6、GPIO13 を出力に設定
GPIO.setup(GPIOPINS, GPIO.OUT)
```

[3] 次に、「PWM 出力」するために、「PWM オブジェクト」を作る。
それぞれの「出力」に対して作り、「pwm」というリストに保存しました。

```
# PWM オブジェクトを作成
pwm = []
for i in range(3):
        p = GPIO.PWM(GPIOPINS[i], 1000)
        p.start(0)
        pwm.append(p)
```

[4]「PWM オブジェクト」を作るには、次のようにする。

```
p = GPIO.PWM(GPIOPINS[i], 1000)
```

[6.6] 受信した輝度通りに「フルカラーLED」を光らせるプログラムを作る

ここで「第1引数」は「ピン番号」、「第2引数」は「PWMの周波数」です。

ここでは1000Hz（1KHz）としました。

1000Hzは「Raspberry Pi」のPWMのデフォルト値であり、ほとんどの場合、これで問題ないはずです。

[5] そして「start」メソッドを実行すると、「PWM変調」が始まる。

指定する引数は、「デューティ比」と呼ばれるもので、出力の「1」の割合を示すものです。

「0～100」までの値を指定でき、LEDをつないだ場合は、「0」が消灯、「100」が点灯、で、その間の数は、数が大きいほど明るくなります。

ここでは「0」を指定しているので、LEDは「消灯」します。

```
p.start(0)
```

■「sakura.io」からデータを受信する

「sakura.io」を使うには、まず、接続が完了するまで待ちます。

これは先に説明した**リスト6-1**と同じです。

```
while (sakuraio.get_connection_status() and 0x80) == 0 :
    time.sleep(1)
```

受信する場合、「Arduino」版と同じく、「キューを調べて、溜まっているキューの数だけ受信する」という処理をします。

まずは、キューに溜まっているデータ数を取得します。

```
result = sakuraio.get_rx_queue_length()
```

この結果は、次のように、「queued」と「available」を要素としてもつリストになります。

前者がキューに溜まっている数、後者がキューに溜められる数です。

```
{'queued': 0, 'available': 32}
```

> **メモ** 「Arduino」では処理が失敗したときは、戻り値に「エラーコード」が返されましたが、Pythonの場合は「例外」が発生します。
> 「戻り値」は、正しく処理が完了したときにだけ設定され、その書式は、いつも同じです。
> たとえば、処理に失敗したときに「None」が設定されるようなことはありません。

そこで、この「queued」の数だけ、「取り出し処理」を繰り返します。

101

第**6**章 「Raspberry Pi」で「sakura.io」を使う

```
# キューにデータがあれば取り出す
for i in range(result.get('queued')):
    …取り出し処理…
```

データを取り出すには、「dequeue_rx_raw」メソッドを使います。

```
data = sakuraio.dequeue_rx_raw()
```

取得したデータの書式は、たとえば、次のような構造です。

```
{'type': 'I', 'data': [123, 0, 0, 0, 0, 0, 0, 0], 'offset': 937, 'channel': 0}
{'type': 'I', 'data': [3, 0, 0, 0, 0, 0, 0, 0], 'offset': 942, 'channel': 1}
{'type': 'I', 'data': [0, 0, 0, 0, 0, 0, 0, 0], 'offset': 948, 'channel': 2}
```

この例から分かるように、「channel」が「チャンネル番号」を示し、「data」が「データ」を示します。

そこで、「channel」が「0～2」かどうかを調べて、その範囲であれば、LEDの「輝度」を設定します。

```
channel = data.get('channel')
if channel >= 0 and channel <= 2 :
    pwm[channel].ChangeDutyCycle(100 * data.get('data')[0]/255)
```

*

「輝度」を再設定するには、「PWM」の「デューティ比」を変えます。
そのためには、「ChangeDutyCycle」メソッドを呼び出します。
範囲は「0～100」なので、取得した値を、その比になるように調整して設定しています。

これらの処理によって、「sakura.io」から受信したデータによって、LEDの色が変わります。

[6.6] 受信した輝度通りに「フルカラーLED」を光らせるプログラムを作る

● 応用のヒント

　この章では、「Raspberry Pi」で「sakura.io モジュール」を使った送受信の方法を説明しました。

　提供されている「Python library for Sakuraio」は、「Arduino」版の「ライブラリ」とほぼ同じ構成であるため、プログラミング言語が Python であるだけで、その処理は、ほとんど変わりません。
　とはいえ、この章の内容程度なら、わざわざ「Raspberry Pi」を持ち出さなくても「Arduino」で事足ります。
　「Raspberry Pi」が魅力的なのは、「Linux システム」であり、「Linux」のさまざまな機能を利用できるという点です。

＊

　次の章では、そんな「Linux」の魅力を活かし、「BLE」の「センサ」と通信して、そのセンサのデータを受信し「sakura.io モジュール」を使って、インターネットに送信してみます。

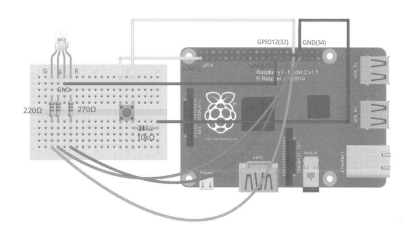

第7章

「BLEセンサ」で「温度」「湿度」「気圧」のデータを送る

「Raspberry Pi」のメリットは、小さなLinuxパソコンであり、さまざまなツールやプログラミング言語を使って、高度なプログラムが作れるという点です。
また、「BLE」や「USB」などで接続した周辺機器を利用できるのもメリットのひとつです。

この章では、市販の「BLEセンサ」を使って温度や湿度、気圧などを取得し、そのデータを「sakura.io」に送信するプログラムを作ります。

7.1 「BLEセンサ」に接続し「sakura.io」を使ってデータを送信

「Raspberry Pi 3」や「Raspberry Pi Zero W」では、「BLE」(Bluetooth Low Energy) を利用して、「BLE」対応のセンサと通信したり、「BLE」対応の「掃除機」や「コーヒーメーカー」などの家電を操作したりできます。

この章では、「Raspberry Pi 3」や「Raspberry Pi Zero W」から「BLEセンサ」に接続し、そのセンサで取得した「温度」「湿度」「気圧」などのデータを「sakura.io」を使って送信するプログラムを作ります（図7-1）。

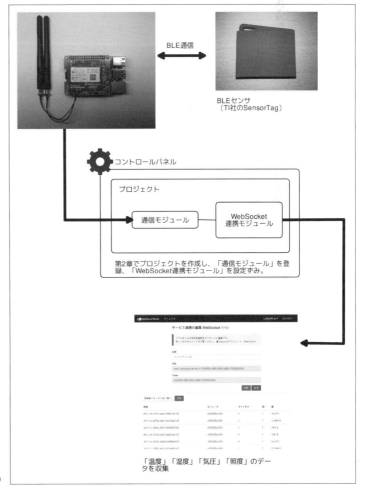

図7-1　この章で作るもの

105

第7章 「BLEセンサ」で「温度」「湿度」「気圧」のデータを送る

メモ この章では、標準で「BLE」機能を搭載している「Raspberry Pi 3」を使います。
「BLE」非搭載の「Raspberry Pi」でも、USB接続の「Bluetoothドングル」を装着して適切なドライバをインストールすれば、同じように使えます。

■「BLEセンサ」

世の中には、さまざまな「BLEセンサ」がありますが、この章では、テキサスインスツルメンツ（TI社）の「SensorTag（CC2650）」というセンサを使います。
RSコンポーネンツ（https://jp.rs-online.com/web/）などのWebサイトから購入できます。

【SimpleLink SensorTagの紹介ページ】

http://www.tij.co.jp/tool/jp/cc2650stk

「SensorTag」は、下記のセンサを内蔵したもので、マッチ箱大のサイズです。
赤いラバー・カバーが掛かっており、取り外して確認すると、基板上には、多数のセンサが取り付けられていることが分かります（図7-2、図7-3）。

*

「SensorTag」は、コイン型電池で動作します。
計測時にだけセンサによる計測を有効にするとか、計測間隔を長めにとるなど、省電力を意識したプログラムを作れば、電池は1年ほどもちます。

*

この章では、これらのセンサから「温度」「湿度」「気圧」「照度」を、それぞれ取得し、そのデータを「sakura.io」を通じて、インターネットに送信するプログラムを作ります。

- 非接触型温度センサ............ TMP007
- 温度・湿度センサ................. HDC1000
- 気圧センサ............................ BMP280
- モーションセンサ................. MPU9250
- 照度センサ............................ OPT3001
- スイッチ................................ 左、右、磁気スイッチ

図7-2 「SensorTag」（CC2650）外形

図7-3 「SensorTag」（CC2650）カバーを取ったところ

[7.2]「BLE」を理解する

■ 準備するもの

この章では、出来合の「SensorTag」という「BLEセンサ」を使うため、電子工作として作らなければならないものはありません。
下記の2点だけを準備してください。

①「BLE」対応または「Bluetoothドングル」設定ずみの「Raspberry Pi」に「HAT for Raspberry Pi」を装着したもの
② テキサスインスツルメンツの「SensorTag（CC2650）」

7.2 「BLE」を理解する

まずは、「BLE」とはどのようなもので、「BLEデバイス」と通信するには、どのようにすればいいのかを簡単に説明します。

■「BLE」の基本

「BLE」対応のデバイスは、「GATT」（Generic Attribute Profile）と呼ばれる標準的な方法で通信します。

＊

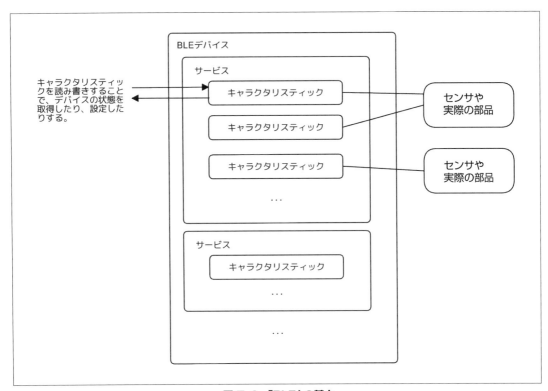

図7-4 「BLE」の基本

第**7**章 「BLEセンサ」で「温度」「湿度」「気圧」のデータを送る

「BLE デバイス」のなかには、いつかの「サービス」(service) があり、それぞれのサービスのなかには、いくつかの「キャラクタリスティック」(characteristic) と呼ばれる場所があります。

「サービス」や「キャラクタリスティック」には、それを区別するための「UUID」(Universally Unique IDentifier) という値が設定されています。

どのサービスに、どのような「キャラクタリスティック」が含まれるのかは、サービスによって、あらかじめ決まっています。

「キャラクタリスティック」の先には、「各種センサ」や「制御したい機器」が接続されており、何かデータを書き込むと、対応する機器が定められた値の通りに動きます。

そして値を読み取ると、対応する機器やセンサなどの状態値を取得できます（**図 7-4**）。

■「キャラクタリスティック」の意味を仕様書で確認する

「BLE」を操作するときは、どのサービスのなかにあるどの「キャラクタリスティック」が、どのような意味を持っているのか——「BLE」機器を動かすには、どのサービスに接続し、どの「キャラクタリスティック」を読み書きすればいいのか——を知る必要があります。

この情報は、BLE 機器の仕様書に記載されています。

たとえば、今回利用する「SensorTag」の仕様書は、下記にあります。

【CC2650 SensorTag User's Guide】

```
http://processors.wiki.ti.com/index.php/CC2650_「SensorTag」_User%27s_Guide
```

この仕様からセンサに関するものを抜粋したものを**表 7-1** に示します。

「キャラクタリスティック」によって、読み書きできるかどうかが違うので、それぞれ「READ」と「WRITE」に記しました。

なお、「NOTIFICATION」は、値に変化があったときに、それを通知する機能です（本書では使いません）。

また表では、「UUID」をそのまま記載すると長いので、本来の「UUID」の下記の太字の部分だけを記載しています。

```
f000aa01-0451-4000-b000-000000000000
```

この表から分かるように、たとえば、気圧の値を取得するには、「f000**aa41**-0451-4000-b000-000000000000」という「UUID」をもつ「キャラクタリスティック」から読み込みます（実際、ここから値を読み込む方法は、すぐあとに示します）。

108

[7.2]「BLE」を理解する

表 7-1 「SensorTag」の主な「キャラクタリスティック」

アドレス	READ	WRITE	NOTFICATION	説　明
●サービス ID AA00）非接触型温度センサ（TMP007）				
AA01	○	×	○	物体温度ならびに表面温度
AA02	○	○	×	有効かどうかのフラグ。「1」で有効、「0」で無効
AA03	○	○	×	計測間隔。10ms 単位。デフォルトは 1 秒（設定値は 0x64）。300ms 以下にはできない
●サービス ID AA20）温度・湿度センサ（HDC1000）				
AA21	○	×	○	温度ならびに湿度
AA22	○	○	×	有効かどうかのフラグ。「1」で有効、「0」で無効
AA23	○	○	×	計測間隔。10ms 単位。デフォルトは 1 秒（設定値は 0x64）。100ms 以下にはできない
●サービス ID AA40）「気圧センサ」（BMP280）				
AA41	○	×	○	温度並びに気圧
AA42	○	○	×	有効かどうかのフラグ。「1」で有効、「0」で無効
AA44	○	○	×	計測間隔。10ms 単位。デフォルトは 1 秒（設定値は 0x64）。100ms 以下にはできない
●サービス ID AA80）モーションセンサ（MPU9250）				
AA81	○	×	○	それぞれの軸に対する加速度
AA82	○	○	×	各軸に対応するセンサを有効にするかどうかのフラグ
AA83	○	○	×	計測間隔。10ms 単位。デフォルトは 1 秒（設定値は 0x64）。100ms 以下にはできない
●サービス ID AA70）照度センサ（OPT3001）				
AA71	○	×	○	照度
AA72	○	○	×	有効かどうかのフラグ。「1」で有効、「0」で無効
AA73	○	○	×	計測間隔。10ms 単位。デフォルトは 0.8 秒（設定値は 0x50）。100ms 以下にはできない
●サービス ID FFE0）スイッチ				
FFE1	○	×	○	スイッチの状態。ビット 0=左、ビット 1=右、ビット 2= 磁気スイッチ

コラム 「キャラクタリスティック」をハックする

　世の中には、たくさんの「BLE」対応機器がありますが、すべての機器が仕様を公開しているわけではありません。

　そうした機器でもハックして、「どのキャラクタリスティックに、どのような値を設定すると、どうなるか」さえわかれば、制御できます。

　ハックの方法は簡単です。

　何かしらのツールを使って、現在の「キャラクタリスティック」の値一覧を取得

109

第7章 「BLEセンサ」で「温度」「湿度」「気圧」のデータを送る

しておきます（スマホにはそうしたアプリがあります）。
　そうしておいて、BLE機器メーカーが提供するスマホアプリなどを使って、機器を操作します。
　そして、再び「キャラクタリスティック」の値一覧を取得します。
　すると、どこか、値が変わった場所があるはずです。
　その「キャラクタリスティック」が、スマホアプリで、いま行った操作に関連している可能性があります。

　このようにして実験していくと、「キャラクタリスティック」の割り当てが想像でき、仕様未公開の「BLE」機器も操作できます。

7.3　Linuxコマンドで「BLEセンサ」の値を取得する

　説明は、このぐらいにして、実際に、「SensorTag」から値を取得してみましょう。
　「SensorTag」には、さまざまなセンサが搭載されていますが、ここでは、「気圧センサ」（BMP280）にアクセスし、「気圧」の情報を参照します。

　「BLE」対応の「Raspberry Pi」には、「BLE」を操作するためのコマンドが標準で含まれています。
　そこでまずは、そのコマンドを利用して、手作業で「BLE」にアクセスしてみます。

■「BLEデバイス」のスキャンする

　まずは、周辺の「BLEデバイス」をスキャンし、「SensorTag」を見つけます。

　「BLE対応のRaspberry Pi」にインストールされている「hcitool」コマンドを「lescan」というオプションを指定して実行すると、周辺の「BLEデバイス」が検索され、その「BLEデバイス」がもつ固有の値である「MACアドレス」を取得できます。

[1]「SensorTag」の側面には電源ボタンがあるので、電源ボタンを入れる（図7-5）。
　すると、背面の緑色のLEDが点滅し始めるはずです。

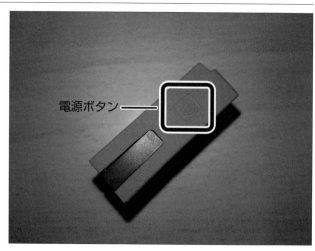

図7-5 「SensorTag」の電源を入れる

[7.3] Linux コマンドで「BLE センサ」の値を取得する

[2] 電源を入れたら、「Raspberry Pi」のコンソールから、次のように入力する。

```
$ sudo hcitool lescan
```

[3] すると、「CC2650 SensorTag」という名前で「SensorTag」が見つかり、その「MAC アドレス」が分かるはずです。

> **メモ** 下記は、筆者が手持ちの「SensorTag」の場合です。
> 「MAC アドレス」は、他と重複がないはずなので、皆さんが持っている「SensorTag」の「MAC アドレス」は、これとは違うものになるはずです。

```
LE Scan ...
…略（他の BLE デバイス）…
B0:91:22:F7:39:00 CC2650 SensorTag
…略（他の BLE デバイス）…
```

[4] なお、このコマンドはずっと待ち状態になるので、確認が終わったら、[Ctrl] + [C] キーを押して、終了。

[検索に失敗する場合]

検索や接続、切断などの操作を繰り返していると、突然、次のようなエラーが表示され、接続できなくなることがあります。

```
Set scan parameters failed: Input/output error
```

このような場合は、いったん、「BLE」のインターフェイスである「hci0」を初期化します。具体的には手動で、次のコマンドを入力してください。

```
$ sudo hciconfig hci0 down
$ sudo hciconfig hci0 up
```

すると「BLE」インターフェイスが無効化／有効化され、正しく検索できるようになるはずです。

■ デバイスに接続して「GATT」を操作する

「MAC アドレス」が分かったら、その「BLE デバイス」に接続して、「GATT」の操作をしていきましょう。

「GATT」を操作するには、「gatttool」コマンドを使います。
「-I オプション」を指定すると、「インタラクティブ・モード」となり、さまざまなコマンドをその場で入力して実行できます。

第**7**章　「BLE センサ」で「温度」「湿度」「気圧」のデータを送る

先ほど調べた「MAC アドレス」を「-b オプション」で指定して、次のように実行してください。

```
$ sudo gatttool -b B0:91:22:F7:39:00 -I
```

すると、次のように「>」のプロンプトが表示され、文字入力できるようになります。

```
[B0:91:22:F7:39:00][LE]>
```

まずは、このデバイスに接続します。

「connect」と入力します。

すると、「Connection successful」と表示され、接続が完了するはずです。

接続すると、プロンプトの色が青色になります。

```
[B0:91:22:F7:39:00][LE]> connect
Attempting to connect to B0:91:22:F7:39:00
Connection successful
```

> **メモ**　「Connection successful」と表示されないときは、「MAC アドレス」
> が間違っているか、「BLE デバイス」がオフになっている可能性があります。
> 　とくに、この章で利用している「SensorTag」は電池の消費を抑えるため、
> 一定時間、操作がないと自動的にオフになります。
> 　そのようなときは、側面の電源ボタンを押して電源を入れ直してください。

■ サービス一覧を取得する

この「BLE デバイス」で提供されているサービスの一覧は、「primary」コマンドで取得できます。

実際に実行するとサービスの一覧が表示され、その「UUID」が分かります。

この一覧には、**表 7-1** に示したサービス ID が見付かるはずです。

```
[B0:91:22:F7:39:00][LE]> primary
attr handle: 0x0001, end grp handle: 0x0007 uuid: 00001800-0000-1000-8000-00805f9b34fb
attr handle: 0x0008, end grp handle: 0x0008 uuid: 00001801-0000-1000-8000-00805f9b34fb
attr handle: 0x0009, end grp handle: 0x001b uuid: 0000180a-0000-1000-8000-00805f9b34fb
attr handle: 0x001c, end grp handle: 0x0021 uuid: 0000180f-0000-1000-8000-00805f9b34fb
attr handle: 0x0022, end grp handle: 0x0029 uuid: f000aa00-0451-4000-b000-000000000000
attr handle: 0x002a, end grp handle: 0x0031 uuid: f000aa20-0451-4000-b000-000000000000
attr handle: 0x0032, end grp handle: 0x0039 uuid: f000aa40-0451-4000-b000-000000000000
attr handle: 0x003a, end grp handle: 0x0041 uuid: f000aa80-0451-4000-b000-000000000000
attr handle: 0x0042, end grp handle: 0x0049 uuid: f000aa70-0451-4000-b000-000000000000
attr handle: 0x004a, end grp handle: 0x004e uuid: 0000ffe0-0000-1000-8000-00805f9b34fb
attr handle: 0x004f, end grp handle: 0x0053 uuid: f000aa64-0451-4000-b000-000000000000
```

[7.3] Linux コマンドで「BLE センサ」の値を取得する

```
attr handle: 0x0054, end grp handle: 0x005a uuid: f000ac00-0451-4000-b000-000000000000
attr handle: 0x005b, end grp handle: 0x0062 uuid: f000ccc0-0451-4000-b000-000000000000
attr handle: 0x0063, end grp handle: 0xffff uuid: f000ffc0-0451-4000-b000-000000000000
```

■「キャラクタリスティック一覧」を取得する

次に、「キャラクタリスティック一覧」を確認しましょう。

次のように「characteristics」と入力します。

先の、**表 7-1** に示したキャラクタスティック一覧を確認できるはずです。

```
[B0:91:22:F7:39:00][LE]> characteristics
handle: 0x0002, char properties: 0x02, char value handle: 0x0003, uuid:
00002a00-0000-1000-8000-00805f9b34fb
handle: 0x0004, char properties: 0x02, char value handle: 0x0005, uuid:
00002a01-0000-1000-8000-00805f9b34fb
handle: 0x0006, char properties: 0x02, char value handle: 0x0007, uuid:
00002a04-0000-1000-8000-00805f9b34fb
handle: 0x000a, char properties: 0x02, char value handle: 0x000b, uuid:
00002a23-0000-1000-8000-00805f9b34fb
handle: 0x000c, char properties: 0x02, char value handle: 0x000d, uuid:
00002a24-0000-1000-8000-00805f9b34fb
handle: 0x000e, char properties: 0x02, char value handle: 0x000f, uuid:
00002a25-0000-1000-8000-00805f9b34fb
handle: 0x0010, char properties: 0x02, char value handle: 0x0011, uuid:
00002a26-0000-1000-8000-00805f9b34fb
handle: 0x0012, char properties: 0x02, char value handle: 0x0013, uuid:
00002a27-0000-1000-8000-00805f9b34fb
handle: 0x0014, char properties: 0x02, char value handle: 0x0015, uuid:
00002a28-0000-1000-8000-00805f9b34fb
handle: 0x0016, char properties: 0x02, char value handle: 0x0017, uuid:
00002a29-0000-1000-8000-00805f9b34fb
handle: 0x0018, char properties: 0x02, char value handle: 0x0019, uuid:
00002a2a-0000-1000-8000-00805f9b34fb
handle: 0x001a, char properties: 0x02, char value handle: 0x001b, uuid:
00002a50-0000-1000-8000-00805f9b34fb
handle: 0x001d, char properties: 0x12, char value handle: 0x001e, uuid:
00002a19-0000-1000-8000-00805f9b34fb
handle: 0x0023, char properties: 0x12, char value handle: 0x0024, uuid:
f000aa01-0451-4000-b000-000000000000
handle: 0x0026, char properties: 0x0a, char value handle: 0x0027, uuid:
f000aa02-0451-4000-b000-000000000000
handle: 0x0028, char properties: 0x0a, char value handle: 0x0029, uuid:
f000aa03-0451-4000-b000-000000000000
handle: 0x002b, char properties: 0x12, char value handle: 0x002c, uuid:
f000aa21-0451-4000-b000-000000000000
```

第7章 「BLEセンサ」で「温度」「湿度」「気圧」のデータを送る

```
handle: 0x002e, char properties: 0x0a, char value handle: 0x002f, uuid:
f000aa22-0451-4000-b000-000000000000
handle: 0x0030, char properties: 0x0a, char value handle: 0x0031, uuid:
f000aa23-0451-4000-b000-000000000000
handle: 0x0033, char properties: 0x12, char value handle: 0x0034, uuid:
f000aa41-0451-4000-b000-000000000000
handle: 0x0036, char properties: 0x0a, char value handle: 0x0037, uuid:
f000aa42-0451-4000-b000-000000000000
handle: 0x0038, char properties: 0x0a, char value handle: 0x0039, uuid:
f000aa44-0451-4000-b000-000000000000
handle: 0x003b, char properties: 0x12, char value handle: 0x003c, uuid:
f000aa81-0451-4000-b000-000000000000
handle: 0x003e, char properties: 0x0a, char value handle: 0x003f, uuid:
f000aa82-0451-4000-b000-000000000000
handle: 0x0040, char properties: 0x0a, char value handle: 0x0041, uuid:
f000aa83-0451-4000-b000-000000000000
handle: 0x0043, char properties: 0x12, char value handle: 0x0044, uuid:
f000aa71-0451-4000-b000-000000000000
handle: 0x0046, char properties: 0x0a, char value handle: 0x0047, uuid:
f000aa72-0451-4000-b000-000000000000
handle: 0x0048, char properties: 0x0a, char value handle: 0x0049, uuid:
f000aa73-0451-4000-b000-000000000000
handle: 0x004b, char properties: 0x10, char value handle: 0x004c, uuid:
0000ffe1-0000-1000-8000-00805f9b34fb
handle: 0x0050, char properties: 0x0a, char value handle: 0x0051, uuid:
f000aa65-0451-4000-b000-000000000000
handle: 0x0052, char properties: 0x0a, char value handle: 0x0053, uuid:
f000aa66-0451-4000-b000-000000000000
handle: 0x0055, char properties: 0x0a, char value handle: 0x0056, uuid:
f000ac01-0451-4000-b000-000000000000
handle: 0x0057, char properties: 0x0a, char value handle: 0x0058, uuid:
f000ac02-0451-4000-b000-000000000000
handle: 0x0059, char properties: 0x0a, char value handle: 0x005a, uuid:
f000ac03-0451-4000-b000-000000000000
handle: 0x005c, char properties: 0x12, char value handle: 0x005d, uuid:
f000ccc1-0451-4000-b000-000000000000
handle: 0x005f, char properties: 0x08, char value handle: 0x0060, uuid:
f000ccc2-0451-4000-b000-000000000000
handle: 0x0061, char properties: 0x08, char value handle: 0x0062, uuid:
f000ccc3-0451-4000-b000-000000000000
handle: 0x0064, char properties: 0x1c, char value handle: 0x0065, uuid:
f000ffc1-0451-4000-b000-000000000000
handle: 0x0068, char properties: 0x1c, char value handle: 0x0069, uuid:
f000ffc2-0451-4000-b000-000000000000
handle: 0x006c, char properties: 0x0c, char value handle: 0x006d, uuid:
f000ffc3-0451-4000-b000-000000000000
handle: 0x006f, char properties: 0x12, char value handle: 0x0070, uuid:
f000ffc4-0451-4000-b000-000000000000
```

[7.3] Linux コマンドで「BLE センサ」の値を取得する

■ 温度と気圧のデータを取得する

では実際に、この「キャラクタリスティック」を操作して、センサのデータを取得します。

すでに**表 7-1** に示したように、たくさんの「キャラクタリスティック」がありますが、ここでは例として、「気圧センサ」（BMP280）を扱います。

「気圧センサ」（BMP280）に関する「キャラクタリスティック」は、**表 7-2** の通りです。

表 7-2 「気圧センサ」（BMP280）に関するキャラクタリックス（表 7-1 より抜粋）

AA41	○	×	○	温度並びに気圧
AA42	○	○	×	有効かどうかのフラグ。「1」で有効、「0」で無効
AA44	○	○	×	計測間隔。10ms 単位。デフォルトは 1 秒（設定値は 0x64）。100ms 以下にはできない

詳しい情報は仕様書にゆだねますが、「SensorTag」では、それぞれのセンサに対してサービスが割り当てられており、そのサービスには、「キャラクタリスティック」が 3 個定義されていて、それぞれ、次の意味をもつ構造になっています。

---

①読み込むことでセンサデータを取得できる「キャラクタリスティック」
②「0」でそのセンサを無効、「1」でそのセンサを有効にする「キャラクタリスティック」
③読み取り間隔を設定する「キャラクタリスティック」

> **メモ** 「気圧センサ」に限り、「aa42」の次は「aa44」と番号が飛んでいるので注意してください。
> ほかのセンサのほとんどは連番です。
> これは、「SensorTag」の前バージョンとの互換性を保つためだと思われます。

先に「characteristic」と入力して確認した「キャラクタリスティック」一覧と照らし合わせると、次の行が相当します。

```
handle: 0x0033, char properties: 0x12, char value handle: 0x0034, uuid:
f000aa41-0451-4000-b000-000000000000
handle: 0x0036, char properties: 0x0a, char value handle: 0x0037, uuid:
f000aa42-0451-4000-b000-000000000000
handle: 0x0038, char properties: 0x0a, char value handle: 0x0039, uuid:
f000aa44-0451-4000-b000-000000000000
```

「gatttool」コマンドで「キャラクタリスティック」を操作する場合、ここで表示されている「ハンドル（handle）」の番号で操作します。

第7章 「BLEセンサ」で「温度」「湿度」「気圧」のデータを送る

　たとえば、温度や気圧のデータを読み込みたいときは、「f000**aa41**-0451-4000-b000-000000000000」を取得しますが、この場合はハンドルとして「0x0034」を指定するという意味です。

　実際に、「char-read-hnd」というコマンドを使うと、「キャラクタリスティック」の値を取得できます。

```
[B0:91:22:F7:39:00][LE]> char-read-hnd 0x0034
Characteristic value/descriptor: 00 00 00 00 00 00
```

> **メモ**　「char-read-hnd 0034」のように「0x」を省略しても同じです。

　確かに6バイトのデータが取得できましたが、すべてが「0」です。
　これは、各センサはデフォルトでは無効であるためです。

　有効にするには、その次の「f000**aa42**-0451-4000-b000-000000000000」の値を「1」に設定する必要があります。
　値を設定するには、「char-write-cmd」コマンドを実行します。
　この場合も、ハンドル番号を指定します。

> **メモ**　「char-write-cmd」と似たものに「char-write-req」コマンドもあります。
> 　「char-write-req」コマンドは、データを送信したあと、応答を受け取るためのコマンドです。

```
[B0:91:22:F7:39:00][LE]> char-write-cmd 0x0037 01
```

　「char-write-cmd」では、必ず、16進数2文字をセットにして入力してください。
　「char-write-cmd 0x0037 1」のように入力すると、エラーとなります。

　入力しても何も画面に表示されませんが、これで実行されています。
　ふたたび、「温度」と「気圧」を取得してみましょう。

```
[B0:91:22:F7:39:00][LE]> char-read-hnd 0x0034
Characteristic value/descriptor: 3c 09 00 3f 8f 01
```

　こんどはデータを取得できました。

＊

　このデータはセンサの生のデータなので、計算する必要があります。
　計算式はセンサによって異なるので、仕様書で確認してください。

[7.4] Pythonで「BLEセンサ」の値を取得する

複雑な計算式を必要とするものもありますが、「気圧センサ」の場合、先頭3バイトが「温度」、次の3バイトが「気圧」で、それぞれ、逆に並べれば、「温度」や「気圧」のデータとなります。

実際に計算すると、次の結果となります。

温度 3c 09 00 → 逆にする → 00093c → 10進数にする → 2364 → 23.64℃
気圧 3f 8f 01 → 逆にする → 018f3f → 10進数にする → 102207 → 1022.07hPa

■ センサをオフにして切断する

[1] 操作が終わったら、無駄に電池を消費しないように、センサを無効にする。

```
[B0:91:22:F7:39:00][LE]> char-write-cmd 0x0037 00
```

[2] そして、「disconnect」コマンドを実行して、「BLE」から切断する。
　エラーが表示されますが、これは接続が切れたというだけなので問題ありません。

```
[B0:91:22:F7:39:00][LE]> disconnect
(gatttool:1181): GLib-WARNING **: Invalid file descriptor.
```

[3] 最後に「exit」と入力すると、「gatttool」を終了できる。

```
[B0:91:22:F7:39:00][LE]> exit
```

7.4　Pythonで「BLEセンサ」の値を取得する

以上が、「BLEデバイス」と通信するときの基本となります。

＊

この操作をするプログラムを作っていきましょう。

■ 「bluepy」のインストール

Pythonから「BLE」を操作するためのライブラリは、いくつかありますが、今回は、ライブラリ自体が「SensorTag」に対応している「bluepy」というモジュールを使います。

このモジュールには、「SensorTag」に接続されている各種センサから「温度」「湿度」「気圧」、などのデータを取得するメソッドがあるため、「キャラクタリスティック」を読み取ったあと、そのバイト列を並べ替えたり、複雑な計算をしたりする必要がありません。

＊

117

第**7**章 「BLEセンサ」で「温度」「湿度」「気圧」のデータを送る

「bluepy」は、次のように入力すると、インストールできます。

```
$ sudo pip3 install bluepy
```

■「BLE センサ」の値を取得する例

実際に、「bluepy」を使って、各種センサの値を表示するプログラムは、**リスト 7-1** のようになります。

このプログラムのファイル名が、仮に「sensortag.py」であるとすると、次のようにして実行できます。

```
$ sudo python3 sensortag.py
```

実行すると、次のように、「明るさ」「湿度」「気圧」「温度」が、表示されます。

```
{'lightmeter': 268.72, 'humidity': 24.70703125, 'barometer': 1021.94,
'temp': 22.4375}
```

※ なおここで「sudo」を指定するのを忘れないようにしてください。
　 もし忘れると、次のようなエラーが表示されます。

```
Traceback (most recent call last):
  File "sensortag.py", line 8, in <module>
    devices = scanner.scan(10.0)
  File "/usr/local/lib/python3.5/dist-packages/bluepy/btle.py",
line 679, in scan
    self.start(passive=passive)
  File "/usr/local/lib/python3.5/dist-packages/bluepy/btle.py",
line 617, in start
    self._mgmtCmd("le on")
  File "/usr/local/lib/python3.5/dist-packages/bluepy/btle.py",
line 276, in _mgmtCmd
    "Failed to execute mgmt cmd '%s'" % (cmd))
bluepy.btle.BTLEException: Failed to execute mgmt cmd 'le on'
```

リスト 7-1　「SensorTag」のセンサの値を取得するプログラム (sensortag.py)

```
import bluepy
import time

# デバイスの検索
scanner = bluepy.btle.Scanner(0)
# 10 秒間デバイススキャンする
devices = scanner.scan(10.0)
```

118

[7.4] Pythonで「BLEセンサ」の値を取得する

```python
# SensorTag を探す
target = None
for d in devices:
        for (serviceid, desc, val) in d.getScanData():
                if val == 'CC2650 SensorTag':
                        target = d
                        break

if target is None :
        print("CC2650 が見つかりませんでした ")
        exit(1)

# 接続する
tag = bluepy.sensortag.SensorTag(target.addr)

# 温度・湿度・気圧・光センサーを有効にする
tag.IRtemperature.enable()
tag.humidity.enable()
tag.barometer.enable()
tag.lightmeter.enable()

time.sleep(1.0)

# データを取得
data = {}
data['temp'] = tag.IRtemperature.read()[0]
data['humidity'] = tag.humidity.read()[1]
data['barometer'] = tag.barometer.read()[1]
data['lightmeter'] = tag.lightmeter.read()

print(data)

# 温度・湿度・気圧・光センサーを無効にする
tag.IRtemperature.disable()
tag.humidity.disable()
tag.barometer.disable()
tag.lightmeter.disable()

# 切断
tag.disconnect()
```

■「BLEデバイス」のスキャンと接続

[1] まずは冒頭で、「bluepy」モジュールを読み込む。

```python
import bluepy
```

第**7**章 「BLEセンサ」で「温度」「湿度」「気圧」のデータを送る

[2] そして「BLE デバイス」を検索。

　検索するには「Scaner」オブジェクトを作り、「scan」メソッドを実行。
　括弧の中に指定しているのは、「検索待ち」の「秒数」です。

　ここでは「10秒間」検索することにしました。
（言い換えると、このメソッドは10秒間処理をブロックし、次の行の実行に進みません）。

```
# デバイスの検索
scanner = bluepy.btle.Scanner(0)
# 10 秒間デバイススキャンする
devices = scanner.scan(10.0)
```

[3] 見付かったデバイスは、「scan」メソッドの戻り値にリストとして格納される。
　この中から、「SensorTag」を探します。
　いくつかの方法がありますが、ここでは名称が「CC2650 SensorTag」であるものという
条件で、「SensorTag」を探しています。

```
# SensorTag を探す
target = None
for d in devices:
        for (serviceid, desc, val) in d.getScanData():
                if val == 'CC2650 SensorTag':
                        target = d
                        break

if target is None :
        print("CC2650 が見つかりませんでした ")
        exit(1)
```

　ここまでが汎用的な「BLE」操作です。

　「bluepy」で「SensorTag」を使う場合は、こうして見つかったデバイスの「MAC アドレス」
を引数にして、「SensorTag」オブジェクトを作ります。

```
# 接続する
tag = bluepy.sensortag.SensorTag(target.addr)
```

■ センサの有効化とセンサの値の取得

　「SensorTag」オブジェクトには、**表 7-3** に示す各種センサのオブジェクトに対応する
プロパティがあります。

120

[7.4] Pythonで「BLEセンサ」の値を取得する

そして各種センサオブジェクトには、値を取得したり、「有効/無効」を切り替えたりするための共通のメソッドがあります（**表7-4**）。

これらのメソッドを使って、各種センサを操作します。

> **メモ** スイッチの状態を示す「keypress」のみ、通知を受け付けるため、実装されているメソッドが他のオブジェクトと異なります。

表 7-3　各種センサに対応するプロパティ

プロパティ	対応するセンサ
IRtemperature	非接触型温度センサ（TMP007）
humidity	温度・湿度センサ（HDC1000）
barometer	気圧センサ（BMP280）
accelerometer	モーションセンサ（MPU9250）
magnetometer	モーションセンサ（MPU9250）
gyroscope	モーションセンサ（MPU9250）
lightmeter	照度センサ（OPT3001）
keypress	スイッチ（左、右、磁気スイッチ）
battery	電源情報

表 7-4　センサを操作するメソッド

メソッド	意　味
enable	センサを有効にする
disable	センサを無効にする
read	センサの値を読み込む

すでに「gatttool」コマンドを使った操作でも見てきたように、センサの値を取得するには、まず、有効化しなければなりません。

リスト7-1では、次のようにして、4つのセンサを有効化しています。

```
# 温度・湿度・気圧・光センサを有効にする
tag.IRtemperature.enable()
tag.humidity.enable()
tag.barometer.enable()
tag.lightmeter.enable()
```

有効化したら、それぞれの「read」メソッドを実行すると値を取得できますが、有効化後、すぐに値を取得しようとすると、まだ準備できておらず、「0」が戻ってくることがありました。

そこで1秒待ってから、値を取得して、画面に表示しています。

121

第**7**章 「BLEセンサ」で「温度」「湿度」「気圧」のデータを送る

```
time.sleep(1.0)

# データを取得
data = {}
data['temp'] = tag.IRtemperature.read()[0]
data['humidity'] = tag.humidity.read()[1]
data['barometer'] = tag.barometer.read()[1]
data['lightmeter'] = tag.lightmeter.read()

print(data)
```

■ センサの無効化と切断

操作が終わったら、電池の無駄遣いを防ぐため、「disable」メソッドを使って、センサを無効にします。

```
# 温度・湿度・気圧・光センサを無効にする
tag.IRtemperature.disable()
tag.humidity.disable()
tag.barometer.disable()
tag.lightmeter.disable()
```

そして「disconnect」メソッドを使って切断します。

```
# 切断
tag.disconnect()
```

コラム 「キャラクタリスティック」を直接操作する

「bluepy」は、「SensorTag」に対応するオブジェクトが提供されているので、本文で紹介しているサンプルのように、そのオブジェクトを操作するのが簡単です。
しかし、対応していない他の「BLEデバイス」を操作する場合は、そういうわけにもゆかず、「キャラクタリスティック」を直接操作することになります。

直接操作する場合は、「Peripheral」オブジェクトと「Service」オブジェクト、「Characteristic」オブジェクトを使います。
「Characteristic」オブジェクトには、値を読み書きする「read」メソッドおよび「write」メソッドがあり、このメソッドを使って「キャラクタリスティック」を読み書きします。

参考までに、"「キャラクタリスティック」を直接操作して、「気圧センサ」(BMP280) の値を取得するプログラム" を示します。(**リスト7-2**)。

122

[7.5] 取得したデータを「sakura.io」で定期的に送信する

リスト 7-2 「キャラクタリスティック」を直接操作する場合

```
import struct

# 接続する
tag = bluepy.btle.Peripheral(target.addr)

# 「気圧センサ」の値を取得する
# 1. Serviceオブジェクトを取得する
service = tag.getServiceBy「UUID」("F000AA40-0451-4000-b000-000000000000")
# 2. 有効にする
service.getCharacteristics("F000AA42-0451-4000-b000-000000000000")
[0].write(struct.pack("B", 1))
# 3. 少し待つ
time.sleep(1.0)
# 4. センサから値を読み取る
data = service.getCharacteristics("F000AA41-0451-4000-b000-000000000000")
[0].read()
print(data)
# 5. センサを無効にする
service.getCharacteristics("F000AA42-0451-4000-b000-000000000000")
[0].write(struct.pack("B", 0))

# 切断する
tag.disconnect()
```

7.5 取得したデータを「sakura.io」で定期的に送信する

ここまでできたら、あと、もう一息です。

前章で作った「sakura.io」の送信プログラムと合わせて、取得したセンサデータを送信するようにするだけです。

ここでは、

温度	チャンネル 0
湿度	チャンネル 1
気圧	チャンネル 2
照度	チャンネル 3

で、送信することにします。

そのプログラムは、**リスト 7-3** のようになります。

リスト 7-3 が「SensorTag_sakura.py」というファイル名であるとき、次のように実行すると、10秒ごとにデータが送信されます。

第**7**章　「BLEセンサ」で「温度」「湿度」「気圧」のデータを送る

「sakura.io」のコントロールパネルで確認すると、データが届いていることが分かるはずです（**図 7-6**）。

```
$ sudo python3 SensorTag_sakura.py
```

リスト 7-3 は、すぐにデータが出てこないと動作が分かりにくいため、データの送信間隔を 10 秒ごとにしていますが、たとえば、1 時間ごととか半日ごとに動くように作れば、もうこれで立派な「IoT センサ」の出来上がりです。

なお、このプログラムは、ずっと動きっ放しなので、やめたいときは、[Ctrl] ＋ [C] キーを押してください。

リスト 7-3　「SensorTag」のデータを「sakura.io」に送信する（SensorTag_sakura.py）

```python
import bluepy
import time
from sakuraio.hardware.rpi import SakuraIOGPIO
sakuraio = SakuraIOGPIO()

# sakura.io が接続完了するまで待つ
while (sakuraio.get_connection_status() and 0x80) == 0 :
        time.sleep(1)

# デバイスの検索
scanner = bluepy.btle.Scanner(0)

# 10 秒間デバイススキャンする
devices = scanner.scan(10.0)
target = None
for d in devices:
        for (serviceid, desc, val) in d.getScanData():
                if val == 'CC2650 SensorTag':
                        target = d
                        break

if target is None :
        print("CC2650 が見つかりませんでした ")
        exit(1)

try:
        # 接続する
        tag = bluepy.SensorTag.SensorTag(target.addr)
```

124

[7.5] 取得したデータを「sakura.io」で定期的に送信する

```python
    while True:
        # 温度・湿度・気圧・光センサを有効にする
        tag.IRtemperature.enable()
        tag.humidity.enable()
        tag.barometer.enable()
        tag.lightmeter.enable()

        time.sleep(1.0)

        # データを取得
        data = {}
        data['temp'] = tag.IRtemperature.read()[0]
        data['humidity'] = tag.humidity.read()[1]
        data['barometer'] = tag.barometer.read()[1]
        data['lightmeter'] = tag.lightmeter.read()

        # sakura.ioで送信する
        sakuraio.enqueue_tx(0, data['temp'])
        sakuraio.enqueue_tx(1, data['humidity'])
        sakuraio.enqueue_tx(2, data['barometer'])
        sakuraio.enqueue_tx(3, data['lightmeter'])
        sakuraio.send()

        print(data)

        # 温度・湿度・気圧・光センサを無効にする
        tag.IRtemperature.disable()
        tag.humidity.disable()
        tag.barometer.disable()
        tag.lightmeter.disable()

        # 10秒待つ
        time.sleep(10.0)
finally:
    # 切断
    tag.disconnect()
```

125

第 **7** 章　「BLEセンサ」で「温度」「湿度」「気圧」のデータを送る

図 7-6　コントロールパネルからデータを確認したところ

■ float 型のデータを送信する

　第6章では、「sakura.io」からデータを送信するのに「enqueue_tx_raw」メソッドを使いましたが、**リスト7-3**では、「enqueue_tx」というメソッド（「_raw」が付かない）を使っています。前者は明示的に型を指定したバイト列で送信するのに対し、後者は「int」「float」「文字列」「バイト列」を引数に渡すと、自動的に8バイトのバイト列に変換され、適した型タイプとして送信してくれます。

```
sakuraio.enqueue_tx(0, data['temp'])
sakuraio.enqueue_tx(1, data['humidity'])
sakuraio.enqueue_tx(2, data['barometer'])
sakuraio.enqueue_tx(3, data['lightmeter'])
```

　ここでの例のように、float 型の値を送信する場合、enqueue_tx_raw メソッドを使って自分でバイト配列に変更しようとすると、struct.pack や unpack で複雑な型変換をしないといけないので、この例のように、enqueue_tx メソッドを使うほうが簡単です。

[7.5] 取得したデータを「sakura.io」で定期的に送信する

> ### コラム　ログオフしても終了しないようにするには
>
> 本文中に示しているように、
>
> ```
> $ sudo python3 SensorTag_sakura.py
> ```
>
> というコマンドで実行すると、ログオフしたときにプログラムが終了します。
>
> 　もし、ログオフしても、ずっと動きっぱなしにしたいのなら、次のように「nohup」
> を先頭に付けてログオフしても終了しないようにするといいでしょう。
>
> 　またこのとき、「&」を末尾に付けて、バックグラウンドで実行するようにします。
>
> ```
> $ nohup sudo python3 SensorTag_sakura.py &
> ```
>
> 　終了させたいときは、「fg」と入力すると、また操作可能になるので、[Ctrl] + [C]
> キーを押して止めます。

●応用のヒント

　この章では、「BLE センサ」の値を「sakura.io モジュール」で送信する方法を説明しました。

　「Raspberry Pi」は「BLE」通信ができるので、「BLE デバイス」を「sakura.io」から制御することも容易です。

　この章の例のように、「BLE センサ」の値を送信するだけでなく、逆方向で、「sakura.io」からデータを受け取って「BLE デバイス」を動かすこともできるでしょう。

　たとえば、「赤外線リモコン」と連携して、「sakura.io から通信データを受け取って、家電をコントロールする」といったこともできるはずです。

　ぜひ、さまざまな「BLE デバイス」と「sakura.io」を組み合わせて、便利なものを作ってみてください。

第8章

「sakura.io」から送信されたデータを処理する

ここまで、「Arduino」や「Raspberry Pi」を使って、スイッチの状態や「温度」「湿度」「気圧」「照度」など、マイコンで取得したデータをインターネットに送信してきました。

この章では、このようにして送信されたデータを処理する方法を、考えます。

8.1 さまざまな「連携サービス」

「sakura.io」と「データ通信」をするには、「連携サービス」を使います。

これまでは「WebSocket」を使ってきましたが、用途に適した「連携サービス」を選ぶべきです。

そこでこの章では、さまざまな「連携サービス」の扱い方を説明していきます。

なお「連携サービス」は、1つのプロジェクトに複数設定することもできるので、さまざまな「連携サービス」を組み合わせた構成も可能です（**表 8-1**）。

表 8-1　連携サービス

連携サービス名	データの方向	説　明
WebSocket	双方向	「RFC6455」で定義されている「HTTP」を用いた通信プロトコル。
Outgoing Webhook	sakura.io → 外部	データが到着したときに、あらかじめ指定した URL を呼び出す方式。
Incoming Webhook	外部 → sakura.io	「sakura.io」側のあらかじめ指定した URL を呼び出すと、そのデータが「sakura.io」に送信される方式。
MQTT Client	双方向	IBM らが提唱したメッセージベースの通信プロトコル「MQTT」（Message Queue Telemetry Transport）を用いる方式。IoT で用意した「MQTT ブローカー」に対して、「sakura.io」が「Publisher/Subscriber」として接続として動作する。
DataStore API	sakura.io → 外部	「sakura.io」から受信したデータを、いったんストレージに貯めて、あとから取得できるようにする方式
AWS IoT	双方向	「AWS」で提供されている IoT サービスとの連携
Azure IoT Hub	双方向	「Azure」で提供されている IoT サービスと連携

129

第8章 「sakura.io」から送信されたデータを処理する

8.2 JavaScriptのライブラリを使って簡単にグラフにする

まずは、これまで使ってきた「WebSocket」を使った、「データの送受信」の"応用編"から説明しましょう。

これまでは、「温度」「湿度」「気圧」「照度」などの「データ」を、「数値」として表示してきましたが、これを「グラフ」として表示してみましょう。

＊

そのための方法は、いくつかありますが、たとえば、「Smoothie Charts」という「JavaScript ライブラリ」を使うと、リアルタイムなデータをグラフにできます。

【Smoothie Charts】

http://smoothiecharts.org/

■ リアルタイムにグラフを描く

実際に、「Smoothie Charts」を使ってリアルタイムにグラフを描くプログラム例を、**リスト8-1**に示します。

実行結果は、**図8-1**のように、「温度」「湿度」「気圧」「照度」の4つのグラフが表示されるものとなります。

リスト8-1では、次のように「smoothie.js」をインクルードしています。

```
<script type="text/javascript" src="smoothie.js"></script>
```

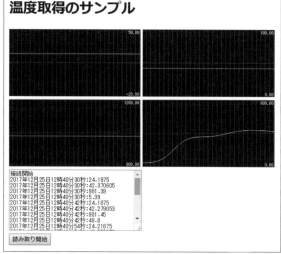

図8-1 リスト8-1の実行結果

「Smoothie Charts」のサイトから、このファイルをダウンロードして、**リスト8-1**と同じフォルダに置いておいてください。

> **メモ** **リスト8-1**のプログラムは、**第4章**で作っている「Arduino」で温度を計測する電子回路でも、「温度」しか表示されない（「湿度」「気圧」「照度」は表示されない）だけで、まったく同じように使えます。

> **メモ** ここでは話を分かりやすくするために、4つのグラフに分けていますが、1つのグラフに重ねて表示することもできます。

[8.2] JavaScript のライブラリを使って簡単にグラフにする

リスト 8-1 「Smoothie Charts」を使ってグラフを描く例

```html
<!DOCTYPE html>
<html lang="ja">
<head>
<meta charset="UTF-8">
<!-- Smoothie Chars の読み込み -->
<script type="text/javascript" src="smoothie.js"></script>
<script>
// 接続先の URL
const url = "wss://api.sakura.io/ws/v1/xxxxxxxx-xxxx-xxxx-xxxx-
xxxxxxxxxxx";

function readstart() {
  // 4 つ分の SmoothieChart オブジェクトを作る
  var smoothie = new Array(4);
  var timeline = new Array(4);
  var minvalues = [-20, 0, 800, 0];
  var maxvalues = [50, 100, 1200, 800];
  for (i = 0; i < 4; i++) {
      smoothie[i] = new SmoothieChart({millisPerPixel:100, minValue :
minvalues[i], maxValue : maxvalues[i]});
    // 描画先を設定
    smoothie[i].streamTo(document.getElementById('myChart' + i), 10000);

    // タイムラインを作る
    timeline[i] = new TimeSeries();
    smoothie[i].addTimeSeries(timeline[i]);
  }

  // メッセージ出力先
  var output = document.getElementById('msgarea');

  // WebSocket オブジェクトを作る
  var client = new WebSocket(url);

  client.onopen = function() {
    // 接続が開始されたとき
    output.innerHTML = output.innerHTML + " 接続開始 \n";
  };

  client.onerror = function(error) {
    // エラーが発生したとき
    alert(error);
  };

  client.onmessage = function(e) {
    // メッセージが届いたとき
    var data = JSON.parse(e.data);
    if (data.type == 'channels') {
      // 送信されてきたデータリスト
      var datalist = data.payload.channels;
```

第8章 「sakura.io」から送信されたデータを処理する

```
        // すべてのチャンネルデータを処理
        for (var i = 0; i < datalist.length; i++) {
          var ch = datalist[i].channel;
          if (ch >= 0 && ch <= 3) {
            // 0番目から3番目のチャンネルであったとき
            // 送信された値
            var val = datalist[i].value;
            // 日時
            var date = new Date(datalist[i].datetime);
            // データの設定
            timeline[ch].append(date.getTime(), val);
          }
        }
      }
    };
}
</script>
</head>
<body>
<h1> 温度取得のサンプル </h1>
<!-- データ表示用のキャンバス -->
<div class="view">
  <canvas id="myChart0"></canvas>
  <canvas id="myChart1"></canvas>
  <canvas id="myChart2"></canvas>
  <canvas id="myChart3"></canvas>
</div>
<textarea id="msgarea" cols="40" rows="10"></textarea><br>
<input type="button" onclick="readstart();" value=" 読み取り開始 ">
</body>
</html>
```

■ グラフのエリアを用意して描画する

①グラフを描くには、まず、グラフの「描画領域」を用意します。
　次の4つの「Canvas」を用意しました。

```
<div class="view">
  <canvas id="myChart0"></canvas>
  <canvas id="myChart1"></canvas>
  <canvas id="myChart2"></canvas>
  <canvas id="myChart3"></canvas>
</div>
```

②これらに対して、「SmoothieChart」オブジェクトを作り、「タイムライン」を設定。

```
// 4つ分のSmoothieChartオブジェクトを作る
var smoothie = new Array(4);
```

[8.2] JavaScript のライブラリを使って簡単にグラフにする

```javascript
var timeline = new Array(4);
var minvalues = [-20, 0, 800, 0];
var maxvalues = [50, 100, 1200, 800];
for (i = 0; i < 4; i++) {
  smoothie[i] = new SmoothieChart({millisPerPixel:100, minValue :
minvalues[i], maxValue : maxvalues[i]});
  // 描画先を設定
  smoothie[i].streamTo(document.getElementById('myChart' + i), 10000);

  // タイムラインを作る
  timeline[i] = new TimeSeries();
  smoothie[i].addTimeSeries(timeline[i]);
}
```

③この処理では、「タイムライン」を作って、それぞれのグラフに設定。

```javascript
// タイムラインを作る
timeline[i] = new TimeSeries();
smoothie[i].addTimeSeries(timeline[i]);
```

この「timeline」の部分にデータを書き込むと、それが描画されます。

④実際にデータを書き込む処理は、「WebSocket」からデータを受信したときの処理に記述。

```javascript
for (var i = 0; i < datalist.length; i++) {
  var ch = datalist[i].channel;
  if (ch >= 0 && ch <= 3) {
    // 0番目から3番目のチャンネルであったとき
    // 送信された値
    var val = datalist[i].value;
    // 日時
    var date = new Date(datalist[i].datetime);
    // データの設定
    timeline[ch].append(date.getTime(), val);
  }
}
```

*

ここではグラフを表示するのに、「Smoothie Charts」を使いましたが、ほかにも、「Chart.js」や「D3.js」などのライブラリを使う方法もあります。

どのようなグラフとして見せたいかによって、使いやすいライブラリを選ぶといいでしょう。

133

第8章 「sakura.io」から送信されたデータを処理する

8.3　IoTの標準プロトコル「MQTT」を使う

さてこれまで「WebSocket」を使ってきましたが、IoTの世界では、IBM社らが提唱している「MQTT」(Message Queueing Telemetry Transport) というプロトコルを使ってデータの送受信をすることが多いです。

ここでは、「MQTT」を使って送受信する方法を説明します。

■「MQTT」とは

「MQTT」は、IBM社とEurotech社らを中心に考案されたプロトコルです。

「MQTT」において、データを送信する側は**「パブリッシャ」**（Publisher：発行者）と呼ばれます。
そして、受信者は**「サブスクライバ」**（Subscriber：購読者）と呼ばれます。

この2者が直接通信するのではなくて、間を**「ブローカー」**（Broker）と呼ばれるサーバがとりもち、データをキューイングして中継するのが大きな特徴です（**図8-2**）。
それぞれの「キュー」は**「Topic」**と呼ばれ、それぞれの「Topic」には、唯一無二の名前（パス名）を設定します。

この構成によって、次のことが可能になります。

> **メモ**　「ブローカー」はデータをキューイングしますが、「到達順序」を保証するものではありません。

> **メモ**　「サブスクライバ」と「パブリッシャ」合わせて「MQTTクライアント」、「ブローカー」は「MQTTサーバ」と呼ばれることもあります。

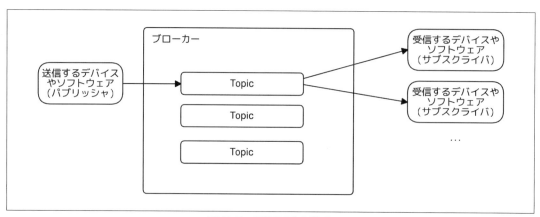

図8-2　「MQTT」の構成

[8.3] IoT の標準プロトコル「MQTT」を使う

① 常時接続していなくてもいい

「パブリッシャ」から送信されたデータは、いったん「ブローカー」に溜められます。

「サブスクライバ」は、好きなタイミングで、このデータを読み込むことができます。

「パブリッシャ」も「サブスクライバ」も、常時接続している必要はありません。

② 1 対多の接続が可能

「ブローカー」は、複数の「サブスクライバ」にデータを送信できます。

つまり、1 対多の通信が可能となります。

③「パブリッシャ」や「サブスクライバ」の取り替えが容易

「パブリッシャ」の送信先は、あくまでも「ブローカー」であり、「サブスクライバ」の受信元は、「ブローカー」です。

「パブリッシャ」と「サブスクライバ」は、互いに通信しているかどうかすら知りません。どのデバイスが通信するのかは、「ブローカー」の設定によって決まります。

ですから、データ構造が同じであれば、あとで「パブリッシャ」となるデバイスを変更するのも容易です。

このように、「MQTT」では、「パブリッシャ」と「サブスクライバ」が直接通信しないのが、大きな特徴です。

IoT のように常時接続しているとは限らず、必要なときだけ接続する形態の場合、とても使いやすいプロトコルだと言えます。

■「MQTT」を使うには

「sakura.io」は、「MQTT」の「パブリッシャ」か「サブスクライバ」のどちらかもしくは両方になることができます。

「sakura.io」がデータを送信するのであれば前者、受け取るのであれば後者として設定します。

両方とも設定すれば、双方向の通信が可能となります。

「MQTT」を使うのであれば、少なくとも、「MQTT ブローカー」が必要です。

そして、「sakura.io」を「パブリッシャ」として使うのであれば、それを受け取るための「サブスクライバ」を、「サブスクライバ」として使うのであれば、そこに送信するための「パブリッシャ」が必要になります (**図 8-3**)。

「MQTT」を構成するソフトは、たくさんありますが、代表的なソフトとして **「Mosquitto」 (モスキート)** と呼ばれるオープンソースのソフトがあります。

各種 Linux のほか、Windows でも動かせます。

*

「Mosquitto」には、「パブリッシャ」「サブスクライバ」「ブローカー」、そして、開発するの

135

第8章 「sakura.io」から送信されたデータを処理する

に必要な「ライブラリ」など、一式が揃っています。

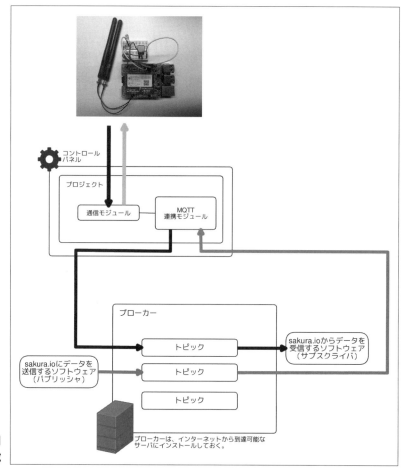

図 8-3 「sakura.io」を使う MQTT の構成

　図 8-3 から明らかなように、「MQTT ブローカー」には「sakura.io」から接続可能である必要があるので、「MQTT を動かすサーバ」は、インターネットから到達可能な「グローバル IP アドレス」をもつサーバである必要があります。

＊

　なお、「MQTT」のデフォルトのポート番号は、「1883 番」（非 TLS）と「8883 番」（TLS）です。

　これらのポートをファイアウォールで開けておく必要もあります。

■「Mosqiito」のインストールと起動

　実際にやってみましょう。

＊

　まずは、「Mosqiito」をインストールします。

　「Mosqiito」のサイトには、各 OS 用のバイナリがあり、それぞれのインストール方法が記載されているので、その通りに実行すれば、インストールできます。

[8.3] IoTの標準プロトコル「MQTT」を使う

【Mosqiitoのサイト】

https://mosquitto.org/

たとえば、「Ubuntu 16.04」の場合は、次のようにしてインストールできます（「Raspberry Pi」にも同じ方法でインストールできます）。

```
$ sudo apt-get install mosquitto mosquitto-clients
```

■「ブローカー」を起動する

インストールしたら、次のように入力して「ブローカー」を起動します。
すると、「MQTTブローカー」がサービスとして起動し、「パブリッシャ」や「サブスクライバ」から接続可能になります。

```
$ sudo service mosquitto start
```

注意 ここでは話を簡単にするために、デフォルトの設定のまま起動しているので、セキュリティには、充分注意してください。
「Mosqitto」の設定は、「/etc/mosquitto.conf」にあり、接続制限をしたり、TLSによる暗号化の設定をしたりできます。デフォルトの設定では、誰でも接続可能ですし、また暗号化もされていません。

■「sakura.io」を「MQTTブローカー」に接続する

「MQTTブローカー」の準備が整ったら、「sakura.io」のコントロールパネルを設定し、この「MQTTブローカー」に接続するように構成します。

手順 「sakura.io」を「MQTTブローカー」に接続する

[1] サービスを追加する

「sakura.io」のコントロールパネルから「連携サービス」の［サービス追加］をクリックします（図8-4）。

図8-4 サービスを追加する

第8章 「sakura.io」から送信されたデータを処理する

[2]　「MQTT Client」を追加する

［MQTT Client］をクリックします（図8-5）。

図8-5　「MQTT Client」を追加する

[3]　接続先の「サーバ名」、「パブリッシャ」や「サブスクライバ」を指定する

「MQTT」の設定画面が表示されます（図8-6）。

次の設定をします。

---

① 接続先情報

まず必要なのは、「名前」「ホスト名」「ポート番号」です。

名前	「sakura.io」コントロールパネル上に表示される任意の名前。
ホスト名	「MQTTブローカー」が動作しているサーバの「ホスト名」または「IPアドレス」。
ポート番号	「MQTTブローカー」が待ち受けしている「ポート番号」。デフォルトでは「1883」。

② ユーザー名とパスワード

「Mosqiito」は、デフォルトではユーザー認証に対応していません。
空欄にしてください。

③ Publishする「Topic」のプレフィックス

このデバイスが「パブリッシャ」として動作する場合の、「Topic」を設定します。
「sakura.io」は、ここで指定した名前の後ろに「モジュールID」を付けた「Topic名」でデータを送信します。

ここでは仮に、「sakura/output」と入力します。
すると、「sakura/output/モジュールID」という「Topic名」となります。

④ 「Subscribe」する「Topic」

このデバイスが「サブスクライバ」として動作する場合の、「Topic」を設定します。
ここでは仮に、「sakura/input」としておきます。

上記の設定以降の入力欄は、「TLSによる暗号化」や「クライアント証明書」を指定するためのものです。
空欄のまま［作成］ボタンをクリックしてください。

[8.3] IoTの標準プロトコル「MQTT」を使う

図8-6 「MQTT」を設定する

[4]「MQTT連携サービス」が設定された

「MQTT連携サービス」が設定されました（図8-7）。

図8-7 「MQTT連携サービス」が設定された

■「MQTT」で「sakura.io」を操作する

では、「MQTT」を使って「sakura.io」を操作してみましょう。

図8-6では、「パブリッシャ」と「サブスクライバ」を次のように設定しています。

---

①パブリッシャ

「sakura/output」という「Topic」を設定しており、実際の「Topic」は「sakura/output/モジュール名」となります。

このTopicを「サブスクライバ」から読み取ると、データを取得できます。

②サブスクライバ

「sakura/input」という「Topic」を設定しています。

このTopicに「パブリッシャ」からデータを送信すると、「sakura.io」に送信されます。

139

第8章 「sakura.io」から送信されたデータを処理する

■「sakura.io」からデータを読み取る

まずは、「sakura.io」からデータを読み取る方法を説明します。

ここでは、**第6章**で作った、「Raspberry Pi にスイッチと LED を付けた電子工作回路」を考えます。

この回路では、スイッチが「オン/オフ」されたときに、「チャンネル0」に、その状態が「1」「0」でデータが送信されるように作りました。

そこで、この電子回路を使って、データが読み取れるかどうかを確かめます。

コラム **電子工作を作るのが面倒な場合①**

第6章で作成した電子工作を、もう一度、つなぐのが面倒な場合は、「Raspberry Pi」上で、**リスト8-2**に示すプログラムを実行してください。このプログラムは、1秒ごとに、チャンネル0に「0」と「1」を交互に出力します。つまり、1秒ごとに、スイッチをオン・オフするのと同じ動作をします。

リスト8-2　1秒ごとにスイッチをオン・オフする動作と同じ操作をするプログラム

```python
import time
from sakuraio.hardware.rpi import SakuraIOGPIO
sakuraio = SakuraIOGPIO()

# ボタンの状態を保持する変数
btnStatus = 0

# 接続完了するまで待つ
while (sakuraio.get_connection_status() and 0x80) == 0 :
        time.sleep(1)

print("ConnectionOK")

while True:
        btnStatus = btnStatus + 1;
        sakuraio.enqueue_tx_raw(0, 'i', [btnStatus & 1])
        sakuraio.send()
        print("SEND")
        time.sleep(1.0)
```

「sakura.io」からデータを読み込む場合、「sakura.io」側が「パブリッシャ」です。ですから、「サブスクライバ」を使って読み込みます。

「Mosqitto」には、「mosquitto_sub」という「サブスクライバ」のコマンドが提供されているので、次のようにして実行してください。

[8.3] IoT の標準プロトコル「MQTT」を使う

「-d」はデバッグオプション、「-t」は「Topic」の指定です。

「MQTT ブローカー」を起動しているのと同じホストで実行するときは、「-h localhost」と記述するか、そもそも、その表記自体を省略できます。

```
$ mosquitto_sub -h MQTT ブローカのホスト名 -d -t sakura/output/ モジュール ID
```

> **メモ** 「モジュール ID」とは、「モジュール」の ID です。「sakura.io コントロールパネル」で確認できます。

すると、データが到着すると、次のように表示されます。

データフォーマットは、「WebSocket」の場合と同じです。

```
$ mosquitto_sub -h localhost -d -t sakura/output/uXXXXXXXXXXX
Client mosqsub/2792-ip-172-31- sending CONNECT
Client mosqsub/2792-ip-172-31- received CONNACK
Client mosqsub/2792-ip-172-31- sending SUBSCRIBE (Mid: 1, Topic: sakura/
output/uXXXXXXXXXXX, QoS: 0)
Client mosqsub/2792-ip-172-31- received SUBACK
Subscribed (mid: 1): 0
Client mosqsub/2792-ip-172-31- received PUBLISH (d0, q0, r0, m0, 'sakura/
output/uXXXXXXXXXXX', ... (191 bytes))
{"module":"uXXXXXXXXXXX","type":"channels","datetime":"2017-12-25T06:29:1
8.259963473Z","payload":{"channels":[{"channel":0,"type":"i","value":1,"d
atetime":"2017-12-25T06:29:18.258965103Z"}]}}
Client mosqsub/2792-ip-172-31- received PUBLISH (d0, q0, r0, m0, 'sakura/
output/uXXXXXXXXXXX', ... (191 bytes))
{"module":"uXXXXXXXXXXX","type":"channels","datetime":"2017-12-25T06:29:1
9.280031877Z","payload":{"channels":[{"channel":0,"type":"i","value":0,"d
atetime":"2017-12-25T06:29:19.279033217Z"}]}}
```

■「sakura.io」に書き込む

逆に、「sakura.io」に書き込むには、「パブリッシャ」を構成します。

第 6 章のサンプルでは、「フルカラー LED」の明るさを、それぞれ「チャンネル 0 ～ 2」で、「0 ～ 255」の範囲で輝度を設定できる電子回路を作りました。

この電子回路に対して、輝度を設定するには、「パブリッシャ」に相当する「mosquitto_pub」コマンドを使います。

[1]「JSON ファイル」を用意する

「sakura.io」は JSON データを要求するので、まずは、「JSON ファイル」を用意しておきます。

141

第**8**章 「sakura.io」から送信されたデータを処理する

たとえば、**リスト 8-3** のような「JSON ファイル」を用意します。

これは、「チャンネル 0」「チャンネル 1」「チャンネル 2」に、それぞれ値「20」「40」「80」
を送信するものです。
ここでは、この「ファイル名」を仮に、「sendtest.json」という名前とします。

リスト 8-3 送信テストの JSON データ (sendtest.json)

```
{
    "type" : "channels",
    "module" : "uXXXXXXXXXXX",
    "payload": {
        "channels" : [
            {"channel" : 0, "type" : "I", "value" : 20},
            {"channel" : 1, "type" : "I", "value" : 40},
            {"channel" : 2, "type" : "I", "value" : 80}
        ]
    }
}
```

[2]「mosquiito_pub」コマンドで送信する
「mosquiito_pub」コマンドを使って**リスト 8-3** のファイルを送信します。
次のように「-f」オプションを指定すると、送信できます。
「-t」は「Topic」名です。

```
$ mosquitto_pub -h localhost -d -t sakura/input -f sendtest.json
```

実際に送信すると、「フルカラー LED」の色が変わるはずです。

コラム 電子工作を作るのが面倒な場合 ②

第 6 章で作成した電子工作を、もう一度、つなぐのが面倒な場合は、Raspberry
Pi 上で、**リスト 8-4** に示すプログラムを実行してください。このプログラムは、「チャ
ンネル 0 ～チャンネル 2」で受信したデータを画面に表示します。

リスト 8-4 チャンネル 0 ～チャンネル 2 で受信したデータを画面に表示するプログラム

```
import time
from sakuraio.hardware.rpi import SakuraIOGPIO
sakuraio = SakuraIOGPIO()

# 接続完了するまで待つ
while (sakuraio.get_connection_status() and 0x80) == 0 :
    time.sleep(1)
```

142

[8.4] データを一定期間「永続保存」する「データストア」を使う

```python
print("ConnectionOK")

while True:
    # キューに溜まっているデータ数を確認する
    result = sakuraio.get_rx_queue_length()
    print(result)
    # キューにデータがあれば取り出す
    for i in range(result.get('queued')):
        data = sakuraio.dequeue_rx_raw()
        channel = data.get('channel')
        if channel >= 0 and channel <= 2 :
            print("ch=" + str(channel) + ", value=" + str(data.get('da
ta')[0]))
    time.sleep(1)
```

コラム 「AWS」や「Azure」のIoTサービスと連携する

「AWS」や「Azure」のようなクラウドサービスでは、それぞれ「AWS IoT」と「Azure IoT Hub」というIoTサービスが提供されています。「sakura.io」では、これらのクラウドサービスと連携することもできます。

クラウドサービスを使う利点は、手軽であることと、収集したデータを「ビッグデータ」として活用しやすいことです。
たとえば「AWS IoT」の仕組みは、「MQTT」と似ており、「MQTT」とほぼ同じ設定で連携できます。
収集したデータを「Elastic Search」というサービスに格納することで、大量のデータを効率良く検索できるようにしたり、さらに「Kibana」というサービスと連携して可視化したりできます。

8.4 データを一定期間「永続保存」する「データストア」を使う

「WebSocket」でも「MQTT」でも、データを取りこぼすと、そのデータは失われてしまいます。
そこで「sakura.io」では、収集したデータを捨てずに、ストレージに溜めておくサービスを提供しています。
これを「データストア」と言います。

「データストア」は、常に受信するのではなく、1日1回、深夜などに、その日に収集したデータをまるごとダウンロードするような目的に向きます。

143

| 第**8**章 | 「sakura.io」から送信されたデータを処理する |

■ データストアの仕組みと価格

「データストア」は、「sakura.io」に構成されたデータベースにデータを保存する仕組みです。

保存したデータは、あとで、「sakura.io DataSrore API」を用いることで、「チャンネル単位」や「メッセージ単位」でダウンロードできます。

【sakura.io DataStore API】

https://api.sakura.io/datastore/v1/docs/

【データストア仕様】

https://sakura.io/docs/pages/platform-specification/datastore.html

「データストア」は4つのプランがあり、それぞれ料金やデータ閲覧期間が異なります。

本書の執筆時点では、「ライト・プラン」と「スタンダード・プラン」が用意されています（**表8-2**）。

> **メモ** 本書の執筆時点では、まだ始まっていませんが、「フリー」というプランは、データを公開して、第三者がビッグデータなどに活用することを目的としたプランです。フリープランの場合、保存したデータは、第三者が閲覧可能であることに注意してください。
>
> フリープランが提供されるまでの間、ライトプランは無料で提供されますが、ライトプランは非公開であるのに対して、フリープランは公開になるので、注意してください。

表8-2 データストアのプラン

方　式	月額利用料	領　域	データ閲覧期間	公　開	リリース時期
フリー	0円/モジュール	共有	40日間	公開	未定
ライト	50円/モジュール	共有	40日間	非公開	2017/04/18
スタンダード	200円/モジュール	共有	2年間	非公開	2017/04/18
プライベート	※未定	占有	無期限	非公開	未定

■ 「データストア」を有効にする

「データストア」を有効にするのは簡単です。

「連携サービス」で「DataStore」を追加設定して、適当な名前を付けるだけで、有効になります（**図8-8、図8-9**）。

[8.4] データを一定期間「永続保存」する「データストア」を使う

図 8-8 「DataStore」を追加する

図 8-9 名前を付けて保存する

■「データストア」からデータを取得する

「データストア」を有効にすると、以降、「sakura.io」から送信したデータが「データストア」に保存されます。

データを取得するには、「DataStore API」を使います。

「DataStore API」の呼び出しには「トークン」が必要です。

「DataStore連携サービス」を作ったあと、もう一度開くと、トークンが表示されるので、この値を確認してください（図8-10）。

図 8-10 トークンを確認する

APIには、①チャンネルデータを取得する「/datastore/v1/channels」と、②接続・切断メッセージも含めて取得する「/datastore/v1/messages」の2種類があります。

さまざまなパラメータがありますが、最低限、「tokenパラメータ」に、図 8-10 で確認したトークン文字列を設定すれば、全データを取得できます。

たとえば、ブラウザで次のように入力すると、「sakura.io」から受信したデータを読み込めます（図 8-11）。

```
https://api.sakura.io/datastore/v1/channels?token=XXXXXXXX - XXXX - XXXX - XXXX - XXXXXXXXXXXX
```

> **メモ** たくさんのデータを取得する場合は、少しずつページングしながら読み込む必要があります。

第8章 「sakura.io」から送信されたデータを処理する

図8-11 データストアを確認したところ

コラム 「REST形式」でデータを送受信できる「Incomming Webhook」と「Outgoing Webhook」

　ときには、「sakura.io」に対して、「特定のURLにデータをPOSTしたら送信できる」とか「データが到着したときに呼び出して欲しい」という構成にしたいこともあるかも知れません。

　そのようなときには、「Incomming Webhook」と「Outgoing Webhook」を使うといいでしょう。

①Incoming Webhook API
　生成されたURLにデータをPOSTすることで、そのPOSTしたデータを「sakura.io」に送信する方法。

②Outgoing Webhook API
　データが届いたときに、指定したURLを呼び出す方法。

　たとえば、「Incoming Webhook API連携サービス」を設定すると、URLが割り当てられ、パスワードに相当する「Token」が生成されます（**図8-12**）。

146

[8.4] データを一定期間「永続保存」する「データストア」を使う

図 8-12 「Incoming Webhook API 連携サービス」を設定する

この URL にデータを POST すると、「sakura.io」にデータを送信できます。
送信形式は、**リスト 8-3** で示した「JSON 形式」と同じです。

たとえば Linux 系の OS に多く標準で含まれる「curl」コマンドを使って、次の
ようにすることで「JSON データ」を送信できます。

```
$ curl -X POST https://api.sakura.io/incoming/v1/xxxxxxxx-xxxx-
xxxx-xxxx-xxxxxxxxxxxx  -d @sendtest.json
```

「Outgoing Webhook API」は、あらかじめ Web サーバに「PHP」や「Perl」「Java」
などで作ったプログラムを置いておき、そのプログラムを呼び出してもらう機能
です。

設定するときは、「Payload URL」に、呼び出したい URL を指定しておきます（**図
8-13**）。

図 8-13 データが到着したときに呼び出したいプログラムを「Payload URL」に指定する

147

第8章 「sakura.io」から送信されたデータを処理する

リスト 8-5　Outgoing Webhook で届いたデータを処理する例

```php
<?php
$json_string =
  file_get_contents('php://input');
$decode = json_decode(
  $json_string, true);

$filename = "/tmp/testdata.txt";

$channels =
  $decode['payload']['channels'];

foreach ($channels as $c) {
  file_put_contents($filename,
    sprintf("%s,%s,%s\n",
      $c['channel'],
      $c['type'], $c['value']),
    FILE_APPEND);
}
```

8.5　「ファイル配信機能」を使う

　「sakura.io」には、「ファイル配信機能」があり、「コントロールパネル」で指定したファイルを、「sakura.io」に転送できます。通信費用は、本書の執筆時点において、512バイト当たり、sakuraポイントを1ポイント消費します。

　ファイル配信機能はバージョン1.1.0で実装された機能です。それより前のファームを使っている場合は、ファームのアップデートが必要です。（**p.67のコラム**を参照）。

■「ファイル配信機能」の仕組み

　「ファイル配信機能」では、「モジュール」が、直接、ファイルをダウンロードするのではなく、**図8-14**のように動作します。

① ダウンロードの通知を受けるURLを決めておく

　あらかじめ開発者は、「sakura.io」の「コントロールパネル」で、「モジュール」がダウンロードを始めようとしたときに通知を受けるURL（以下、「通知URL」と称す）を設定しておきます。

　最大、5つの「通知URL」を登録できます。

②「ダウンロードURL」を返す

　「モジュール」がダウンロードを開始したときは、①のURLに通知が送信されます。このとき、レスポンスとして、「ダウンロードURL」を返すように構成しておきます。

③ 転送される

　②で返した「ダウンロードURL」から、ファイルがダウンロードされ、「モジュール」へと転送されます。

148

[8.5]「ファイル配信機能」を使う

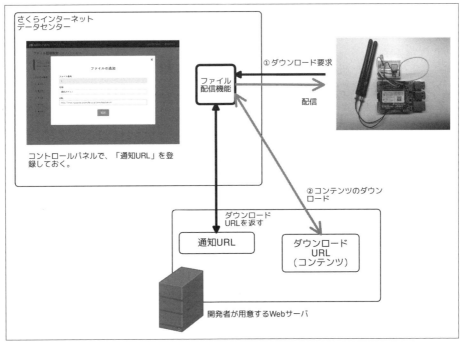

図 8-14　ファイル配信機能の仕組み

　通知 URL がリクエストを受け取るとき（上記②の段）は、「モジュール」の「モジュール ID」が渡されるので、どの「モジュール」からのリクエストかを区別できます。
　ですから、「モジュール」ごとに、異なるデータを送信するように構成することも可能です。

　なお、上記の一連の動作において、認証機能はありません。
　つまり、③で転送されるファイルに、パスワードなどの認証をかけることはできません。
「ダウンロード URL」を知ってさえいれば、ブラウザなどで、その「ダウンロード URL」を直に叩くことで、誰でもダウンロードできるので、注意してください。

> **メモ**　ただし、②のダウンロード URL を返すとき、その URL の後ろにランダムな認証用の文字列を付けて、③でダウンロードされるときに、その「認証用文字列」が付けられているかを確認するなどの構成をとれば、「ダウンロード URL」が直にアクセスされたときに拒否する、ということは可能でしょう。

【ファイル配信仕様】
https://sakura.io/docs/pages/platform-specification/file-distribution.html

■「ダウンロード・コンテンツ」を配信する「Web サーバ」を作る

　これまでの説明から分かるように、「ファイル配信機能」を使うには、「Web サーバ」を構成して、①通知 URL、②ダウンロード URL──に相当する部分を用意しなければなりません。

149

第8章 「sakura.io」から送信されたデータを処理する

ここでは、そのための「Webサーバ」を「www.myserver.example.co.jp」というホスト名でインターネット上に配置するものとします。

そして、次のように構成します。

---

① 通知 URL

通知 URL は、「downloadlist.txt」とします。つまり、次の URL とします。

```
http://www.myserver.example.co.jp/downloadlist.txt
```

この「downloadlist.txt」には、**リスト 8-6** に示す内容のテキストを記載し、②のファイルをダウンロードできるようにします。

リスト 8-6　downloadlist.txt

```
http://www.myserver.example.co.jp/sample.txt
```

② ダウンロード URL

「sample.txt」として、適当な内容のテキストファイルを置いておきます。

このファイルが、「モジュール」に転送されます。

すぐあとに説明しますが、コントロールパネルから、①に相当する「http://www.myserver.example.co.jp/downloadlist.txt」という URL を登録しておくと、②の「sample.txt」の内容が、「モジュール」に配信されるようになります。

コラム　実際に「モジュール」に配信するときの工夫

ここでは話を簡単にするため、いつも内容が変わらない「sample.txt」の内容を送信しています。

しかし、実際には、使い勝手をよくするため、タウンロード URL を知らせる「downloadlist.txt」は、テキストファイルではなくて、CGI などの動的に実行可能なプログラムとし、次のように構成することになるでしょう。

①「モジュール」ごとに違うデータを送信する

本書では説明しませんが、「モジュール」からのリクエストが到来したときには、「モジュール」の「モジュール ID」が module クエリ・パラメータとして送信されてきます。そこで「モジュール」を区別して、それぞれ別のデータを送信する仕組みを作ります。

② データが更新されていないときは、「404 Not Found」とする

①にて、「モジュール ID」ごとに、「最終ダウンロード日時」を保存しておけば、それと比較することで、データの更新がないときは「404 Not Found」を返すなどして、何度も同じデータが配信されないようにする仕組みを作れます。

[8.5]「ファイル配信機能」を使う

■「コントロールパネル」に「通知URL」を設定する

　コンテンツを配信するWebサーバの準備が整ったら、その「通知URL」を「sakura.io」の「コントロールパネル」に登録すると、「ファイル配信機能」を使えるようになります。

手順　「コントロールパネル」の「ファイル配信機能」に「通知URL」を登録する

[1]　ファイル配信の設定ページを開く
　コントロールパネルのプロジェクトタイトルの右にある［ファイル配信］ボタンをクリックします（図8-15）。

図8-15　ファイル配信の設定ページを開く

[2]　「通知URL」を登録する
　「通知URL」を登録できる画面が表示されます。［＋作成］ボタンをクリックすると、「通知URL」を登録できるので、登録しておきます。最大5つまで登録できます（図8-16、図8-17）。

図8-16　「通知URL」の登録①

151

第8章 「sakura.io」から送信されたデータを処理する

図 8-17 「通知 URL」の登録②

■ マイコン側のファイルの「ダウンロード処理」を記述する

準備ができたら、マイコン側のファイルの「ダウンロード処理」を記述します。

たとえば、「Raspberry Pi」環境で、「Python」を使ってプログラムを書くと、**リスト 8-7** のようになります。

このファイル名が、仮に、「filedl.py」であるとき、次のように実行すると、ダウンロードしたファイルの内容（ここまでの流れでは「sample.txt」の内容）が、画面に表示されます。

```
$ sudo python3 filedl.py
```

リスト 8-7 ファイルのダウンロード例 (filedl.py)

```python
import time
from sakuraio.hardware.rpi import SakuraIOGPIO
sakuraio = SakuraIOGPIO()

# 接続完了するまで待つ
while (sakuraio.get_connection_status() and 0x80) == 0 :
        time.sleep(1)

# ダウンロード処理の開始
# ファイル番号1からダウンロード
sakuraio.start_file_download(1)

# 少し待つ
time.sleep(3.0)

# ファイルサイズなどのメタデータの取得
try:
        response = sakuraio.get_file_metadata()
```

[8.5]「ファイル配信機能」を使う

```python
except Exception as e:
        print(e)
        sakuraio.cancel_file_download()
        exit(1)

# 実際のデータを取得
filesize = response['size']
filedata = []
while filesize > 0:
        time.sleep(3.0)
        try:
                # 読み込むバイト数。最大255バイト
                readlen = min(255, filesize)
                # 読み込み
                result = sakuraio.get_file_data(readlen)
        except Exception as e:
                print(e)
                sakuraio.cancel_file_download()
                exit(1)

        # 読み込んだデータの結合
        filedata.extend(result)
        filesize -= len(result)

# 受信したデータを表示
print(filedata)
```

　ファイルをダウンロードする流れは、次のようになります。

①ダウンロードを開始する

　start_file_download メソッドを呼び出して、ダウンロードを開始します。引数にはコントロールパネルで用意したファイル番号を指定します。成功すれば、「さくらインターネットのデータセンタ」から「通知 URL」に対してリクエストが発生し、ダウンロードの準備が始まります。

```python
sakuraio.start_file_download(1)
```

②メタデータを取得する

　次に、少し待ってから、メタデータをダウンロードします。
　メタデータには、「ファイル・サイズ」などの情報が含まれています。

```python
response = sakuraio.get_file_metadata()
filesize = response['size']
```

③ダウンロードする

　②で得た、ファイルのバイト数だけダウンロードします。

153

第8章 「sakura.io」から送信されたデータを処理する

まとめてダウンロードすることはできないので、「get_file_data」メソッドを使って、少しずつ、ダウンロードします。

引数は、受信する最大データ長です。最大255バイトまで指定できますが、それ以下の読み取りとなる可能性もあります。

```python
while filesize > 0:
        time.sleep(3.0)
        # 読み込むバイト数。最大255バイト
        readlen = min(255, filesize)
        # 読み込み
        result = sakuraio.get_file_data(readlen)

        # 読み込んだデータの結合
        filedata.extend(result)
        filesize -= len(result)
```

*

ここでは「Raspberry Pi」環境の「Python」でのダウンロード処理を説明しましたが、「Arduino」など他のマイコンでも、ファイルのダウンロード機能を利用できます。

ファイル転送機能の使い方は、さまざまです。

マイコンの「ファームウェア」の更新などに適した方法ですが、ほかにも、(a) 電子工作で、液晶パネルで何か表示するときに「表示する文字列」をインターネットから設定する場面や、(b) 音が出る電子工作で「メロディー音」をインターネットから設定する場合——など、少し長めのデータを送信して、送信したあとは、しばらく、その値が変わらないときのデータ転送に向きます。

普通の転送では8バイト単位でしか送信できないので、それより大きな文字列データなどを送信したい場面には、ぜひ活用してみてください。

●ヒント

この章では、「sakura.io」と連携するための、さまざまな方法を説明してきました。

どの方法も、インターネットやWeb標準の機能なので、さまざまなツール、ライブラリを使って連携できるのが、「sakura.io」のいいところです。

データのコンバートさえ、うまく処理すれば、ほとんどコードを書くことなく、「sakura.io」で集めたデータをデータベースなどで処理することが可能なはずです。

[Appendix] メッセージ仕様

ここでは、**4章**で紹介した「連携サービス」からやり取りされる「メッセージ形式」について記載します。

■ channels 形式

さくらの「モジュール」から「メッセージ・データ」としてやり取りされるデータには、「channels 形式」の「JSON データ」が使われます。

「type」が「channels」のデータは、以下のようなメッセージ形式で構成されています。

```
{
    "module": "uXXXXXXXXXXX",
    "type": "channels",
    "datetime": "2017-04-06T07:46:36.005341001Z",
    "payload": {
        "channels": [{
            "channel": 0,
            "type": "I",
            "value": 0,
            "datetime": "2017-04-06T07:39:29.703232943Z"
        }, {
            "channel": 0,
            ...
            ..
            .
        }]
    }
}
```

● メッセージ構造 (sakura.io → 外部サービス)

データ送信時 (さくらのモジュール → プラットフォーム) の「channels メッセージ」の構造は、以下となります。

*

個々のパラメータは、以下のとおりです。

フィールド名	型	意 味
module	String	データを送信したモジュールが一意にもつ「モジュール ID」を示す。
type	String	データがどの形式のメッセージであるかを示す。
datetime	String	モジュールからこのメッセージが送られた日時を示す。
payload	Object	モジュールから受信した「メッセージデータ」を格納。
payload.channels	Array	データが配列内に最大 16 個格納されている。
payload.channels[].channel	Int	「チャンネル番号」を格納。
payload.channels[].type	String	データの「型指定子」を格納。
payload.channels[].value	Int or String	「値」を格納。
payload.channels[].datetime	String	「時間」を格納。

> **メ モ** 特定のデータを特定のチャンネルに格納するよう設計することで、外部サービスと連携がしやすくなります。
> **[例]** 温度は常に 1Ch で送信、湿度は常に 2Ch で送信。

● メッセージ構造 (外部サービス → sakura.io)

プラットフォームの API から、さくらの「モジュール」を介してデバイスにコマンドを送信する際には、下記のような形で送信してください。

155

Appendix メッセージ仕様

```
{
    "type": "channels",
    "module": "uxxxxxxxxxxx",
    "payload": {
        "channels": [{
            "channel": 0,
            "type": "i",
            "value": 0
```

```
    }, {
        "channel": 0,
        ...
        ..
        .
    }]
    }
}
```

コマンド送信時には、「datetime」の指定は不要で、「module」「type」のみを指定します。

フィールド名	型	意 味
module	String	データの宛先であるモジュールが一意にもつ「モジュールID」を示す。
type	String	データがどの形式のメッセージであるかを示す。
payload	Object	モジュールから受信した「メッセージデータ」を格納。
payload.channels	Array	データが配列内に最大 16 個格納されている。
payload.channels[].channel	Int	「チャンネル番号」を格納。
payload.channels[].type	String	データの「型指定子」を格納。
payload.channels[].value	Int or String	「値」を格納。
payload.channels[].datetime	String	「時間」を格納。

・型指定子

型	C 言語における型	型指定子
符号あり 32bit 整数	int32_t	i
符号なし 32bit 整数	uint32_t	I
符号あり 64bit 整数	int64_t	l
符号なし 64bit 整数	uint64_t	L
32bit 浮動小数点数	float	f
64bit 浮動小数点数	double	d
8 バイトの配列	byte[8]	b

「大文字」と「小文字」で型指定子の意味は異なるので、注意してください。

また、小数点数については、「符号なし」は存在しません。

■ connection 形式

モジュールが起動した際や、通信が途絶した場合には、「connection 形式」の「JSON メッセージ」が送信されます。

「type」が「connection」のメッセージデータは、以下のような構造となります。

● メッセージ構造

例として、モジュールが起動した場合に送信される「connection メッセージ」の構造を以下に示します。

```
{
    "module": "uxxxxxxxxxxx",
    "type": "connection",
    "datetime": "2017-04-06T07:39:29.
703232943Z",
    "payload": {
        "is_online": true
    }
}
```

[Appendix] keepalive 形式

フィールド名	型	意　味
payload	Object	モジュールから受信した接続に関するメッセージを格納。
payload.is_online	Bool	"True" の場合は通信の「開始」を示し、「False」の場合は「途絶」を示す。

■ location 形式

簡易「位置情報」提供機能を利用している場合、通常のメッセージにあわせて、「location 形式」の JSON データが送信されます。

「簡易位置情報」とは、メッセージが送られた基地局情報を元に、さくらインターネットが算出したものとなります。

*

「type」が「location」のメッセージデータは、以下のような構造となります。

基地局が、「特定できる場合」「特定できない場合」によってメッセージの中身が変わります。

● メッセージ構造

「基地局が特定できた場合」に送信される「location メッセージ」の例を以下に示します。

基地局がデータに存在しないなどの理由により基地局が特定できない場合の例を示します。

・基地局が特定できた場合

```
{
    "datetime": "2017-04-04T01:31:19.6431197Z",
    "module": "uXXXXXXXXXXX",
    "type": "location",
    "payload": {
        "coordinate": {
            "latitude": 0.000000,
            "longitude": 0.000000,
            "range_m": 0
        }
    }
}
```

・基地局が特定できない場合

```
{
    "datetime": "2017-04-04T01:31:19.6431197Z",
    "module": "uXXXXXXXXXXX",
    "type": "location",
    "payload": {
        "coordinate": null
    }
}
```

個々のパラメータは、以下のとおりです。

フィールド名	型	意　味
payload	Object	モジュールから受信した接続に関するメッセージを格納。
payload.coordinate	Object	基地局情報を元に算出された位置情報が含まれる。
payload.coordinate.latitude	Float	緯度情報。
payload.coordinate.longitude	Float	経度情報。
payload.coordinate.range_m	Int	大まかな誤差を示す。単位はメートル。

■ keepalive 形式

「WebSocket」などコネクションを維持する必要のある「連携サービス」では、プラットフォームと連携先システム間でのコネクション維持のために「keepalive メッセージ」を送信するものがあります。

「type」が「keepalive」であるデータは、直接サービスに関係するものではないため、無視しても問題ありません。

「keepalive メッセージ」の構造を以下に示します。

```
{
    "type": "keepalive",
    "datetime": "2017-05-02T10:36:51.
231263947Z"
}
```

157

索 引

五十音順

≪あ行≫

あ アノードコモン·····70
アンテナ·····32
え エラーコード·····101
お 押しボタン・スイッチ·····29
温度·····105
温度センサ·····51

≪か行≫

か 会員 ID·····18
会員登録·····18
外部アンテナ·····36
書き込み·····43
カソードコモン·····70
簡易位置情報提供機能·····13
管理 API·····82
き 気圧·····105
キャラクタリスティック·····108
キューイング·····11
く グラフ·····130
け 権限·····83
こ 購読者·····134
コントロールパネル·····10,20
コンパイル·····42

≪さ行≫

さ サービス·····108
さくらインターネットデータセンター·····10
サブスクライバ·····134
し シールド for Arduino·····14
時刻提供機能·····13
湿度·····105
初期化処理·····47
新規作成·····21
せ セキュリティ·····62
接続先情報·····138

≪た行≫

た タイムライン·····132
ダウンロード URL·····150
ダウンロード処理·····152
タクタイルスイッチ·····30
タクト・スイッチ·····30

≪つ・て・と≫

つ 通知 URL·····150
て 抵抗器·····86
ディップ・スイッチ·····89
データ型指定子·····98
データストア·····15,144
データ値·····66
デューティ比·····101
と トークン·····83
取り出し処理·····101

≪は行≫

は 発行者·····134
パブリッシャ·····134
ひ 描画領域·····132
ふ ファイルの送信·····12
ファイル配信·····151
フルカラー LED·····69
ブローカー·····134
プロジェクト·····21
プロトコル·····9

≪ま行≫

め メタデータ·····153
メッセージ形式·····155
も モジュール登録·····23
モスキート·····135

≪ら行≫

り リスト型·····98
れ 例外·····101
レジスタ·····56
連携サービス·····25,129

アルファベット順

≪ A ≫

ADT7410·····52
accelerometer·····121
analogWrite 関数·····76
API キー·····82
Arduino IDE·····31
Arduino スケッチ·····29
AWS IoT·····129
Azure IoT Hub·····129

索 引

《B》

barometer ···121
battery ···121
BLE センサ ···105
bluepy ··117

《C》

Canvas ···132
CC2650 ···106
channels 形式··80,155
Chart.js ···133
connection 形式··156

《D》

D3.js···133
DataStore API ···129
datetime···155
delay 関数··48

《E》

Erastic Search ···143

《G》

GATT···111
gatttool ··111
GPIO ··95
gyroscope ···121

《H》

HAT for Raspberry Pi ·····················14,88
humidity ···121

《I》

I2C ···35
Incoming Webhook ·····················129,146
IoT ···9
IRtemperature··121

《J》

JSON データ ··12

《K》

keepalive 形式···157
keypress··121
Kibana ··143

《L》

lightmeter···121
location 形式···157

loop 関数···46

《M》

MAC アドレス··110
magnetometer···121
module ··155
Mosquitto···135
MQTT···16,134
MQTT Client ··129

《O》

onmessage 関数 ··63
OSTA5131A···70
Outgoing Webhook ·····················129,146

《P》

payload··155
payload.channels·······································155
payload.channels[].channel··················155
payload.channels[].datetime···············155
payload.channels[].type ·······················155
payload.channels[].value ·····················155
PWM··71

《R》

RESET 形式··146

《S》

sakura.io ライブラリ ································31
scan···120
SensorTAG··106
setTimer 関数···80
setup 関数··46
SMBus ··96
Smoothie Charts ·······································130
SPI···35

《T》

TCP/IP ···9
Topic··134
type ···155

《U》

UART··36
Ubuntu···137
UUID ··108

《W》

WebSocket ··26,129

[著者略歴]

大澤　文孝（おおさわ・ふみたか）

テクニカルライター。プログラマー。
情報処理技術者（「情報セキュリティスペシャリスト」「ネットワークスペシャリスト」）。
雑誌や書籍などで開発者向けの記事を中心に執筆。主にサーバやネットワーク、Web
プログラミング、セキュリティの記事を担当する。近年は、Webシステムの設計・開発に従事。

[主な著書]

「ちゃんと使える力を身につける JavaScript のきほんのきほん」「ちゃんと使える力を身
につける Web とプログラミングのきほんのきほん」　　　　　　　　（以上、マイナビ）

「Amazon Web Services 完全ソリューションガイド」「Amazon Web Services クラウド
デザインパターン実装ガイド」　　　　　　　　　　　　　　　　　　（以上、日経 BP）

「UI まで手の回らないプログラマのための Bootstrap 3 実用ガイド」「prototype.js と
script.aculo.us によるリッチ Web アプリケーション開発」　　　　　（以上、翔泳社）

「TWE - Lite ではじめるセンサー電子工作」「TWE - Lite ではじめるカンタン電子工作」
「Amazon Web Services ではじめる Web サーバ」「プログラムを作るとは？」「インター
ネットにつなぐとは？」「TCP/IP プロトコルの達人になる本」「クラスとオブジェクトでわ
かる Java」「IPv6 導入ガイド」　　　　　　　　　　　　　　　　　（以上、工学社）

質問に関して

本書の内容に関するご質問は、

① 返信用の切手を同封した手紙
② 往復はがき
③ FAX(03)5269-6031
　（ご自宅の FAX 番号を明記してください）
④ E-mail　editors@kohgakusha.co.jp

のいずれかで、工学社編集部あてにお願いします。
なお、電話によるお問い合わせはご遠慮ください。

I/O BOOKS

「sakura.io」ではじめる IoT 電子工作

2018 年 2 月 5 日　初版発行　©2018

※定価はカバーに表示してあります。

[印刷] シナノ印刷 (株)

著　者　　大澤　文孝
発行人　　星　正明
発行所　　株式会社 **工学社**
〒 160-0004 東京都新宿区四谷 4-28-20 2F
電話　　(03)5269-2041(代) [営業]
　　　　(03)5269-6041(代) [編集]
振替口座　00150-6-22510

ISBN978-4-7775-2042-8